© 2013 Lulu. Alle Rechte vorbehalten.
ISBN 978-1-291-53410-8

Blätter.

[17]   Wer schlichtet ihn, diesen furchtbaren, mich zermalmenden Kampf: Begierde nach ungestörter, fortschreitender Entwickelung meines Daseins — und Hemmung, wohin ich blicke: In mir und außer mir.

Das ganze Leben ist nur ein fortgesetztes Bedürfnis, von Menschen zu Menschen: Sich zu finden, sich zu verstehen; ja, sie verstehen sich in der stillen, tiefsten Meinung ihres Herzens, sie flehen einander schweigend, um Erlösung an, und ein ewiger Abgrund tut sich gähnend zwischen ihnen auf, unüberschreitbar, unergründlich. Ein selbsterschaffener Fluch liegt bleiern auf dem elenden Geschlechte, das ohne Tod nicht leben, ohne Ruin nicht werden kann. Ihm bleibt nur das erbärmliche, um seine Seele betrogene Dasein mit dem Tantalusbewusstsein dessen, was es sein könnte; eine Sehnsuchtsfolter unter der hohnlachenden Maske eines Trostes. Glücklich und zugleich unselig, die diesen Klageruf nicht verstehen.

[18]   Es gehört eine seltene, große Energie zum echten Laster, aber eine noch größere, fast unerhörte zur echten Tugend. Darum staunt die Welt über eine *Brinvilliers*, einen *Danton*, — aber einen *Aristides* begreift sie gar nicht.

Man hat nur an so viel Freude und Glück Anspruch, als man selbst gewährt.

„*Vaincre ou mourir!*" ist nicht nur die Devise des Soldaten, sondern auch des Menschen, der das Leben verstehen gelernt hat.

Es bleibt einer der schönsten Anthropomorphismen (Vermenschlichungen), sich die Leiden als Prüfungen zu denken, wobei uns das gerechte, aber unbetrügbare Auge eines Richters bewacht. Da bewähre dich, Tatkraft des Mannes! Da erprobe dich, weibliche Duldkraft! Und seid gewiss, die Palme wird euch erblühen.

Die Erde ist so schön; und doch ist es so schwer, auf ihr zu leben! für den, der den Himmel nicht im Busen trägt.

Blätter

Da glauben unsere blasierten Knaben schon was Rechtes zu sein, wenn sie nur weg haben, dass Glaube, Gefühl und Größe leere Worte, und alle Menschen — *sie* ausgenommen — völlig schlecht und dumm sind! Da spielen sie Mephistopheles und wissen nicht, dass er ihnen eben [19] ein Schnippchen schlägt. Klein und dumm ist nur Einer: Der da alle Anderen dafür hält; groß kann nur Der sein oder werden, der das Große ehrt und achtet.

Warum soll man dem Gefühle misstrauen? Um des Gefühles willen. Nur der Schwergeprüfte besteht den Angriff der Zeit. Darum, wer sein Gefühl hoch hält und nicht jedem neuen Gefühle, das die Zeit bringt, opfern mag, der prüfe es vor dem Richterstuhle der Vernunft.

Bedürfnis der Zeit! Ach, die Zeit bedarf nicht bloß dessen, was sie zu bedürfen vorgibt, weit öfter dessen, was sie von sich weist. Das Rechte, das Wahre war stets in der Minorität. Jeder Angeklagte darf appellieren, wenn er sein Forum nicht anerkennt. Wer will mit uns rechten, wenn wir gegen die Gerichtsbarkeit einer in ihre Interessen verlorenen Gegenwart protestieren.

Erhöhung des Selbstempfindens, *das* ist es, was Jeder unbewusst anstrebt; der Gemeine durch grobe Selbstsucht und Dünkel, der Bessere durch edlen, der Beste durch jenen Heldenstolz, durch den der Mensch zuletzt wirklich mehr als er selbst, oder besser: So ganz Er selbst wird, als Er's meistens nicht ist. Was erfreut am Besitz, am Ruhm, am Wissen, an der Tapferkeit, an der Liebe, als dass dadurch der Kern unseres Daseins in sich wächst? Wir fühlen uns mehr als sonst. Der Edelste gibt sich hin, um sich doppelt zu besi-[20]tzen. In Kampf und Entsagung läutert sich das Dasein, und nur durch den Tod verklärt es sich zum Leben.

Es war eine Perle im Ozean; der Weise übersah sie, der Trauernde verwarf sie; der Tor, der glückliche Tor! hob sie auf. Der Ewige vergönnte sie ihm, nahm gnädig die Huldigung des Weisen und des Entsagenden auf, — und ließ dem Toren seine Perle.

„Wenn ich Dich liebe, was geht's Dich an?" Wer das so recht beherzigte und besäße! Der hätte ein Paradies, wo andere von Höllenflammen selbstischer Sehnsucht verzehrt werden. Alles Schöne und Herrliche gehört sein eigen, ob es um ihn wisse oder nicht, und es gibt für den Menschen kein Eigentum, als das, was er liebt.

Der ist der wahre Geisterseher, der den eigentlichsten Gehalt eines Menschen von seiner zufälligen Form, von seinen Worten und Taten, von seinen Schriften, ja Gedanken (was alles nicht immer willkürlich ist!) zu sondern, und zu ergreifen weiß. Ihm ist die selige Gemeinschaft der Geister schon hienieden eröffnet, die wir von der Läuterung durch die Verwesung des Leiblichen erhoffen.

Ich kann auch von einer Führung, aus Erlebtem, sprechen; aber nicht von einer, die dafür sorgt, dass es dem [21] lieben Schoßkinde wohl gehe, sondern dafür, dass das liebe Kind Mann, dass der Mensch geschult werde durch bittere Prüfungen, an denen sich langsam und schmerzlich sein Kern herausschält. Die faulen Früchte aber werden weggeworfen.

Auch dies trägt zur Öde vieler Ehen bei, dass die Gatten nie Liebende waren; wären sie's je gewesen, so würde die Erinnerung an jene schönste Illusion des Menschenlebens sie nie ganz verlassen. In jedem Weibe liegt der Keim der Liebe, aber die wenigsten Männer wissen ihn zu pflegen.

Die Ironie des Schicksals, die zerreißend in das Spinnengewebe der Sterblichen greift und das Gefühl ihrer Sicherheit furchtbar verneint, wird im Empfänglichen Religion. Denn ihr sind wir nicht gewachsen. Sie errichtet in uns das Alte Testament, über welchem der Glaube, der die Frucht unseres Wandels ist, in Licht und Frieden das neue aufbaut.

Mein Leben ist, nach jener fürchterlichen Katastrophe, zerstört. Ich kenne nur jene Art von Trost, welche das versteinernde Übermaß des Schmerzes zu geben vermag, von welcher der gewöhnliche Leidende keinen Begriff hat. Den Vollmachtbrief des Glückes, in Gaben und Kräften mir ausgestellt, habe ich, mit blutendem Herzen, halberbrochen, zurückgegeben. Mein Wesen ist aus seinen Angeln gerissen und findet kein Gleichgewicht mehr. Ich habe ge-[22]rade noch so viel Bewusstsein, um meinen elenden Zustand recht vollständig zu ermessen. Dies Leben ist lebendiger Tod.

Wir müssen es wohl einer Welt, die wir nicht erleben, anheimstellen, zu richten: Wo unter unsern Zeitgenossen die Gaben, und wo die rechten Wege waren. Das Beste aber richtet keine Zeit.

Tragischer Vorzug des Menschen vor allen Geschöpfen, dass er allein von ihnen entsagen und sich ergeben kann.

Andere leben nur für uns, wenn wir nur für sie zu leben scheinen.

Ich weiß, sie haben für „Vergessenheit" andere, schönere Namen erfunden: Nachruhm, ewige Dankbarkeit u. dgl. m. Sie bauen Denkmale, um durch die Verewigung ihrer Genüsse und Irrtümer die eigentlichen Ansprüche auf Ewigkeit zu betrügen; als ob sie eine Ewigkeit geben oder nehmen könnten!

„Was ist das? Leuchtet der Morgen in den Beginn der Nacht hinein? Ist es ein neuer Hohn des Geschickes? Soll ich jetzt, jetzt einen Freund gefunden haben, um" —

Bei diesen Worten schlief *Heinrich* ein, und träumte von seiner Tänzerin vom vorigen Abende. Schlummere zu, und auch du schlummere tief und fest, du am *Leben* gebrochenes Herz! Gleichgültig wälzen sich die müßigen Stun-[23]den der Alltäglichkeit über die Gräber der Toten, aus denen furchtbar ernste Stimmen, leise, aber unaufhörlich unverstandene Worte sprechen, welche lauter und immer lauter dereinst die jammervollen Taglöhner des Gemeinen aus ihrem Behagen schrecken werden. Eines ist gewiss, und sie sagen es Euch, die Ihr einzeln, dem Sterne treu, in seinem stillen Lichte wandelt: Nichts bleibt dem Menschen, wenn er sich selbst nicht bleibt. Unsere Asche nimmt das Schicksal zwischen die Finger, und bläst sie in die Elemente; unsern Charakter und seine Wirkung kann es nicht nehmen. Geheimnisvoll, aber gerecht, unerforschlich gerecht sind die Gewalten, welche die Menschheit lenken. Verzweifelnd reiben sich Hunderte an unzerreißbaren Ketten wund; Tausende schwinden unter hoffnungslos vergossenen, von Niemanden getrockneten, von Niemanden gesehenen Tränen; aber lasst uns in unsern Busen greifen: Wer wagt es, wenn er in die innerste Tiefe seines Herzens steigt, wer wagt es: Glückseligkeit als Antwort auf seine Gedanken und Taten zu fordern?

[25] *Wissen*.

[27]   Aphorismen können nur, insoweit sie Resultate sind, auf Mitteilbarkeit Anspruch machen. Einfälle, als solche, mitzuteilen, setzt entweder große Anmaßung voraus, indem man sie für wichtig hält, oder Selbstgeringschätzung, indem man sich zur Belustigung des Augenblickes hergibt. Resultate aber nenne ich nicht nur das Abschließliche, sondern auch das aus der Betrachtung von Problemen sich ergebende Anregende.

Wie prekär ist der Wert sogenannter „guter Gedanken"! ... nicht nur glänzender, sondern auch wirklich treffender! Auf höheren Stufen der Einsicht verlieren sie sich immer mehr in allgemeinere Gesichtspunkte; und wenn die Menschheit je über sich vollkommen aufgeklärt sein wird, wird es gar keine mehr geben. Man hat nur gute Gedanken, so lange nur noch einzelne Lichtblicke aus der allgemeinen Dämmerung sich losreißen.

In einer eigentümlichen Lage befindet sich der Schriftsteller, während er diejenigen seiner Gedanken konzipiert, die ihm bedeutend erscheinen. Er behorcht sich selbst.

[28]   Es mag wohl nichts „gedacht werden, was nicht schon gedacht worden wäre". Aber *gesagt* ist Vieles noch nicht. Wie manche Fragen drängen sich bei der Lesung der tiefgedachtesten Werke einem innigen Gemüte auf, die man laut zu fragen, vielleicht nicht den Mut, nicht das Geschick, oder nicht Gelegenheit hatte!

Nur *Eine Ansicht* ist unwahr, die, dass nur Eine Ansicht wahr sei.

Der sogenannte (*soi-disant*) Philosoph vom Fache spricht vom Dreifuß seines Dogma herab mit einer bequemen Sicherheit über die Ansicht des Mannes von Geist, worüber dieser, der das Bornierte kennt, das jedes Dogma bedingt, im Stillen gemütlich lächelt.

Es ist schwer, ein vielumfassendes, folgerichtig in sich gegliedertes und geschlossenes, philosophisch und dichterisch originales Ganze, wie z. B. Oken, hinzustellen; aber es ist noch schwerer, ein nüchternes, probehältiges, wahres und dabei unschuldig klares und einfaches Büchlein, wie z. B. Garve tat, zu schreiben.

Man verbindet wohl oft mit einem philosophischen Ausdruck falsche Begriffe; aber jedem liegt auch irgendein echter zu Grunde. Diesen zu finden, heißt den Schlüssel zu den verwickeltsten Problemen finden.

[29] Was ich lehre und bekenne, ist nicht Optimismus (wie irgendwo gemeint wurde), denn ich dringe darauf, dass man sich auch die Schattenseiten nicht verheimliche; auch nicht Quietismus, denn ich fordere beständige Aktivität im Finden und Üben des Rechten, auch nicht Skeptizismus, denn die Behauptung, dass die Dinge mehr als Eine Seite haben und an allem etwas Wahres sei, sagt nicht, dass alles wahr oder falsch sei; nicht einmal Objektivismus, denn ich will dem Subjekte seine Rechte ungeschmälert wissen; am wenigsten Indifferentismus, denn diese Ansicht setzt voraus und nährt die Teilnahme an allem Streben und Denken. Das gilt vom Wissen, Kunst und Leben, in welchen überall Raum für unendlich mannigfache Ansichten und Leistungen ist.

Die Hauptsache und auch das Schwierigste ist immer das Fassen des Problems in Begriffe und Worte. Sind nur diese einmal gefunden, dann wirkt der menschliche Denkorganismus leicht und bequem nach den eingebornen Gesetzen.

Das Problem ist das rohe Produkt, das erst zur menschlichen Speise gemacht werden muss. Manches lässt sich gar nicht kochen. Was aber gekocht ist, wird leicht gegessen und verdaut. Wenn es unverdaut wieder abgeht, so weiß man, dass man es in Zukunft nicht wieder kochen soll.

[30] Der Irrtum findet seine Nemesis, wie die Menschen sind, noch allgemeiner als die Schuld, — aber beide straft das Leben gleich sicher; jenen das äußere, diese das innere.

Wie in der Sinnenwelt uns das Trübe, der Schmutz die Wahrnehmung hindert, so in der geistigen der sittliche Schmutz, der verderbte Wille. „Alles wird klar sein um Dich, wenn alles rein ist in Dir."

Welche Ungewissheit für den Lehrling, da er die Bekenner und Lehrer der verschiedensten Ansichten dieselben Argumente gegen einander brauchen, in demselben Tone, jetzt bemitleidend, jetzt belächelnd, jetzt belehrend, stets mit dem Kolorite der Wahrheit, einander zurechtweisen sieht, voneinander sprechen hört! Und doch ist es gerade dieser Umstand, der ihn zum Wahren führen kann. Dieselbe Sprache Vertrauen-einflößender Gewissheit, von einer Seite allein gehört, würde ihn vielleicht für immer gefangen nehmen; von allen Seiten her ergehend nötigt sie ihn, sich *selbst* zu fragen; und nur die Aktivität des Geistes ist *zeugend*.

Mit den Jahren steigern sich nicht nur die Prüfungen, sondern auch die Probleme; also alle Aufgaben für den denkenden, wie für den sittlichen Menschen. Vieles, was dem Jünglinge klar und leicht schien, entfaltet erst dem Manne sein Rätsel, und wo Licht war, wird Dunkel. Eine traurige Erfahrung, wenn nicht mit den Aufga-[31]ben auch die Kraft, sie zu lösen, wächst, oder ihm Licht von oben zuströmt. Und ist nicht das Wachsen der Aufgaben, die er doch selbst entwickelt, schon ein indirekter Beweis wachsender Kraft?

Stumpfsinnig und achselzuckend weist die Welt die unbekannten Erze zurück, die der Denker, in Liebe für sie, aus den tiefen Schachten fördert. Er aber haut fort und fort, bis der Schacht über ihn zusammenbricht, und seinen geheimen Schatz — entweder offen an den Tag legt, oder vielleicht für ewig mit ihm begräbt.

Die rohe Skepsis ist nicht die absolute, sondern die suchende; und der rechte Gegensatz der Skepsis ist nicht der Dogmatismus, sondern die vernünftige Voraussetzung einer am Gegebenen zu entwickelnden Erkenntnis.

Es bedürfte eines noch unerfundenen Wortes, wodurch viele Widersprüche und Streitigkeiten geschlichtet würden. Ich meine: Für den allgemeinen Sinn des Wortes: Gewissheit, welcher ein Verhältnis des Menschen zu Wahrheiten ausdrückt, die mit ihm stehen und fallen. „Gewissheit" pflegt man eigentlich nur die mathematische und logische Erkenntnis zu nennen; es gibt aber eine vierfache Gewissheit: Die des Verstandes, der Sinne, des ästhetischen Beifalles, des Gewissens. Das Eine Wort für alle vier, die gleich gewiss sind, ist es, das ich vermisse.

[32] Es findet sich öfters, dass Mathematiker wie Musiker eine gewisse Borniertheit zeigen, Rechtsgelehrte dagegen große Schärfe und Lebendigkeit des geistigen Vermögens, Mathematik wie Musik, innerhalb einer gewissen Sphäre, betätigen nur einen Mechanismus, der mit sinnlichen Objekten, auf vorgeschriebene Weise, schaltet; nur in einer höhern Sphäre, wo sie den Gesetzen dieses Mechanismus nachspüren und so über sich selbst hinausgehen, — eine Sphäre, wohin sich nur Wenige erheben — regt sich ein höheres

Vermögen an. Der Jurist dagegen hat es mit Gesetzen zu tun, denen beständig wechselnde Verhältnisse zu subsumieren sind. Alle Probleme des Lebens lassen sich in Form von Prozessen auffassen und behandeln, und die praktische Philosophie, — was ist sie zuletzt als eine auf Gott und Welt angewandte Jurisprudenz?

Dämmerung ist Menschenlos; nur, durch sie zum Lichte sich durchzuarbeiten, nicht sie in Licht umzuwandeln, kann Menschenbestimmung sein. Darum wird immer der Glaube das Wissen ergänzen müssen, darum wird immer ein nicht verneinender, aber suchender und prüfender Skeptizismus die besten Denker bezeichnen; darum ist die wahre Philosophie — die bescheidene.

Wir müssen wohl bedenken, wenn wir von einem göttlichen Verstande, von einem reinen, schrankenlosen Geiste reden, dass uns kein anderes Denken, als ein sich von Schlüssen zu Schlüssen bewegendes (diskursives), — [33] ein Denken, welches sucht und findet, — nicht aber ein in der völligen Erkenntnis ruhendes (intuitives), welches bereits die Wahrheit besitzt, — bekannt und begreiflich ist. In jener Bewegung der Begriffe liegt für unsern Verstand das Wesen des Denkens selbst; in dem Erreichen seiner Zwecke die höchste Befriedigung; in dem Fortschreiten dahin seine Bestimmung.

Ein zu geringes Selbstvertrauen ist in der Welt geistigen Schaffens so hinderlich wie in der geselligen. Wer erst alles wissen will, was Andere geurteilt haben, bevor er selbst urteilt, kommt so schlecht vorwärts wie sein Gegenfüßler, der sich auf sich allein verlässt. Der Geist muss sich fühlen und üben, um zu wirken und zu wachsen. Zugleich aber muss er sich an fremdem Geiste spiegeln und prüfen.

Die alte Frage: Ob die Henne oder das Ei früher war? repräsentiert eigentlich das letzte Problem, auf das alle Wissenschaft von der Natur zurückführt: Die Antinomie der spekulativen Physik. Bis sie gelöst ist, wird eine lebendige Naturforschung wohltun: Die Entwicklung des Eis in der Henne und die der Henne im Ei gleich sorgfältig zu betrachten.

Man wendet gegen das Philosophieren ein, dass es sich ewig im Kreise bewege, während die pragmatischen Beschäftigungen und Aufgaben der Menschheit vorwärts [34] schreiten und Fortschritte *fordern*. Und wohin schreiten denn sie zuletzt? Wer ist denn vermessen genug, das Rätsel unserer Bestimmung gelöst zu wähnen? Wer weiß denn, ob diese in dem, wonach wir streben, oder im Streben selber liege? Wer weiß, wohin die Ausbildung jedes in uns gelegten Gedankenkeimes zuletzt führen könne? Kann irgendeiner dieser Keime — vergebens gelegt sein? Und arbeitet die Philosophie nicht auf ein sittliches Ideal hin? Muss dieses Ideal nicht in seiner lautersten Reinheit gedacht, — auch nur als Möglichkeit gedacht sein, — wenn die Menschheit nur Einen Schritt vorwärts tun soll? Mögen das Jene bedenken, die — nicht bedacht haben, dass ihre Forderung einen geistigen Selbstmord der gesamten Menschheit in sich schlösse, zu dem sie, selbst wenn sie wollte, doch nie fähig wäre.

Es handelt sich nicht um Theorie *oder* Erfahrung, — sondern um Behutsamkeit in *beiden*.

Es handelt sich nicht um Originalität, wo es sich um Wahrheit handelt. Ein abgeschlossenes und ausschließendes System wird immer erwarten müssen, dass die Zeit, wie sie es bisher mit allen Systemen tat, seine Relativität offenbare. Ein unkritischer Synkretismus ist nicht einmal relativ brauchbar. Mag immerhin Ein Kopf dem andern *nach*denken; aber nach*denken* soll man wenigstens, nicht bloß nachsprechen.

[35]   Nicht der Scharfsinn der Abstraktion, nicht die Fülle des Tatsachen-Sammelns fördern den Naturforscher, sondern der Blick für das Zusammengehörige in den Tatsachen (G's. „erhöhte Empirie?").

Was sagt das: „Etwas aus sich selbst erkennen?" oder: „Etwas, das sich selbst erkläre?" An und für sich ist nur das Sein. Erkennen ist Beziehen, Erklären ist Ableiten, Zurückführen. Ein System bringt ein gegliedertes Ganze von Beziehungen; ein zweites in demselben Fache eröffnet neue Beziehungen dieser Beziehungen oder ihres Ganzen. So erweitern sich unsere Kenntnisse durch Synthese. Die Analyse dreht sich immer im Kreise herum. Daher der von Alters her anerkannte Vorzug der Belesenen, Gereisten, Graugewordenen usw.

Alles in Natur, Geschichte, Wissen, Kunst, Einzelleben usf. folgt demselben Gesetze der Metamorphose. Es tritt ins Leben, bildet sich zu einer Form, durchdringt sich mit ihr, bis es, von ihr gesättigt, sie abstreift, als *caput mortuum* liegen lässt, eine neue erfasst, mit dieser denselben Prozess durchgeht, und so — *in infinitum*. So häutet sich die Pflanze, das Tier, der

Mensch, die Gesellschaft, der Staat, die Kirche, der Gedanke, das System, die Literatur, die Menschheit — vielleicht das Weltall; — was wir so nennen.

[36] Die Philosophie hat nachgewiesen, dass sowohl das Denken des Ich, als das Denken der Materie (des Zusammengesetzten in Einem) einen Widerspruch enthalte. Dies führt auf die Annahme der Substanzen: Einer geistigen Monas für das Ich, anderer Monaden für die Körper. So die theoretische Philosophie; Kunst und Handeln haben keinen Widerspruch in sich, — sie versöhnen vielmehr den äußeren.

Der Begriff des Mathematikers vom *Punkte* ist der eigentliche Anfang und Ausgangspunkt aller Philosophie der Natur. Hier wird das Sinnliche zum Begrifflichen gemacht.

Man sollte eigentlich den Ausdruck „Materialist" gar nicht brauchen. Er veranlasst die Vorstellung von einer Denkart, einem philosophischen Systeme. Genau genommen ist aber Materialismus nur der gänzliche Mangel philosophischer Bildung. Denn diese fängt eben damit an, dass der Mensch in sich selbst zurückgehen und den Begriff „Geist" bilden und festhalten lerne; so wie man in der Geometrie den Begriff des Punktes vor dem sichtbaren Punkte bilden lernen muss. Wie Platon dem *Ageometretos* so kann man auch dem sich so nennenden Materialisten nicht gestatten, in Dingen der Philosophie das Wort zu nehmen. Es fehlt ihm das A, also auch das B und C davon.

[37] Der Verfechter des Materialismus meint was Rechtes gesagt zu haben, wenn er fragt: „Was ist denn Geist?" Als ob er wüsste, was „Körper" ist!

Die beste Widerlegung des Materialismus ist der Streit um ihn. Der Geist, der sich, als solcher, denkt und behauptet, — ist. Nicht dasselbe gilt umgekehrt. Verneinen kann sich der Geist, solange er nicht zum Begriffe seiner selbst entwickelt ist.

„Es ist völlig undenkbar, dass die Materie sich selbst erkenne." Der Materialismus findet diesen Satz voreilig. Ihr versteht — sagt er — unter Materie, — weil es Euch so beliebt, — eben nur die leblose oder doch nicht vollkommen organisierte Materie. Im Menschen aber organisiert sie sich eben bis zum Denken, d. h. bis zum Reflektieren über sich selbst. — Diese Behauptung ist aber völlig falsch. Was der Mensch erkennt, ist keineswegs

Materie; er denkt nur — Gedanken; und es ist eben das was er Geist nennt, was er durchs Denken in sich entdeckt und dann außer sich wieder findet. Die Materie, auch seine eigene, d. h. seinen Körper, erkennt er nicht.

Die Welt, die wir die geistige nennen, ist zuerst zu unserem Fassungsvermögen in einem negativen Verhältnisse. Uns führt die Unzulänglichkeit der physischen wie der bloß begreifenden Kräfte zu ihrer Annahme. Dann, wenn [38] durch Bildung das Gewissen erzogen ist, tritt sie uns als positive Tatsache entgegen. Das Misskennen dieser Standpunkte hat zuerst die absolut dogmatischen Systeme, — das Misslingen dieser den dogmatischen Materialismus, wie den dogmatischen Idealismus, und die Einseitigkeit aller zuletzt den Skeptizismus und Indifferentismus hervorgerufen. Der echte Kritizismus reduziert alle Einseitigkeiten auf Wortspiele; und wer nicht im Stande ist, die Meinung *eines* (konsequenten) Systems in der Sprache des andern auszudrücken, möchte schwerlich noch beide völlig bemeistert haben. Die ethischen Tatsachen *sind*; können sie auf, ich weiß nicht welchem, höchsten einst zu erreichenden Standpunkte, aus der Natur erklärt werden, so ist eben die Natur vergeistigt worden. Die Natur *ist*; kann der Geist in seiner Selbstentwickelung so weit gelangen, sie nicht bloß, wie in Fichte, als sein Werk zu betrachten, sondern wirklich vor Aller Augen hervorzubringen, so wird er in sich selbst zur Natur werden. Für jetzt scheint es geraten, was Geist und Natur schaffen und bieten, als Gaben Einer sie umfassenden Gottheit dankbar zu betrachten, zu erforschen, zu benutzen.

Im Menschen ist gegeben: Zuerst vor aller Reflexion, ein Eins. Das Bewusstsein bringt eine Scheidung hervor. Diese führt, trotz aller Wendungen und Verrenkungen des Denkens, wieder auf Gegebenes. Als solches erscheint nämlich zuletzt die Zweiheit. Jenes Erste ist die Voraussetzung, das Gegebene der Anschauung. Diese zweite ist das Ergebnis, das Gegebene des Denkens. Das ganze [39] Gegebene ist: Unsere Natur; die Art, wie wir geschaffen sind. Über diese können wir (natürlich) nicht hinaus, als — durch Tun, welches ein Erschaffen ist. So löst sich das Rätsel des Lebens nur im Handeln. Dies ist die Gewissheit, die, vor und neben aller Spekulation, stets in der gesunden Denkart lag; dies ist der praktische Idealismus, der seit dem Erwachen der Spekulation nie wieder aus ihr verschwand.

Der Dualismus ist zu tief in der menschlichen Natur begründet, als dass wir ihm je entrinnen können. Ein Knäuel, der wir selbst sind; den wir wohl zerhauen, aber nicht lösen können. Wenn ich sage: Ich bin, so trenne ich mich schon von mir, denn ich denke mich. Trennen, Begrenzen, also

Verneinen ist das Geschäft menschlichen Denkens; reine Bejahung würde, wie alleinige Repulsiv-Kraft alles in ein schrankenloses — Nichts auflösen; reine Negation würde alles vernichten; ja, sie ist undenkbar, weil Etwas gegeben sein muss, um es negieren zu können.

Ich ist kein Gedanke, sondern ein Empfinden. Wer aus reinem Verstande bestünde, oder auch nur im reinen Denken recht geübt ist, denkt nicht: „Ich denke", sondern „Dieses Denkende, A, B usw. stellt sich die Dinge C, D usw. vor. Eines dieser Denkenden empfinde ich als das meine, und sage: „Ich denke" — um mich kürzer und populärer auszudrücken. Er sieht aber sehr wohl und deutlich ein, dass nicht dieses Vorstellen sein Ich ausmacht, [40] und auch sein Ich nicht ganz Vorstellen ist. Das Ich bezeichnet das Individuum, und das Denken ist gerade das Allgemeine, in welchem das Individuelle aufgehoben wird. So lange sie rein denken, haben alle Menschen ein gemeinsames Ich, aber jeder Einzelne empfindet sich als Individuum.

Denken wir uns die geistige Monas in die irdische Sphäre versetzt. Während der organischen Entwickelung nimmt sie auf: Es sammelt sich aller Stoff an ihr und um sie herum. Auf dem Höhepunkte wird sie Tat, — irdische Tat; ihre planetarische Bestimmung. In der Rückbildungs-Epoche nimmt sie nicht mehr auf, aber auch nicht ab; sie zehrt am Vorrate, und es wird nun wohl darauf ankommen, wie viel sie, nicht als Besitz, sondern als zu ihr gehörig, in sich aufgenommen (assimiliert) hat, um für weitere Bestimmungen reif, tauglich zu sein.

Nicht nur das, woran wir uns erinnern, haben wir geistig in uns aufgenommen. Wir fühlen unser geistiges Wesen wachsen, wir fühlen es bereits gewachsen, — ohne uns der Atome des Wachstumes bewusst zu sein.

Das Kind beginnt mit der Empfindung; die Sinne bilden sich aus; die Aufmerksamkeit erwacht; das Bedeutende wird festgehalten und bei Gelegenheit wieder hervorgerufen; die Fantasie erfreut sich im Jünglinge ihres freien Waltens. Auf dem Gipfel des Lebens tritt das Be-[41]wusstsein des Geistes hervor. Ist dieser einmal zum Besitze seiner selbst gekommen, so mögen dann immerhin die Anregungen und Stoffe von Außen seltener werden und sich entziehen, die Organe mählich ihren Dienst versagen, — die geistige Entelechie ist (für die Verhältnisse *dieser* irdischen Existenz) zur Wirksamkeit gelangt, — und darf ihrem weiteren Rufe bereitwillig entgegensehen.

Man denkt sich die Unsterblichkeit der Seele weit leichter an einem Krieger, der fechtend fällt, als an einem Menschen, der von einem Bären gefressen wird. Warum? Weil wir nicht anders als anthropomorphistisch denken.

Freiheit? Der Mensch ist nicht frei. Aber der Geist, als solcher, ist frei. Also auch das Geistige im Menschen, als solches. Je reiner es also ein Mensch in sich entwickelt, je mehr Kraft und gleichsam Raum in sich er dem Geistigen gibt, desto freier ist er. Was aber ist dieses Geistige im Menschen? Das Denken? Kann es selbst ohne Gegenstand, also ohne Bedingung menschlich gedacht werden? Nur das Wollen kann, abgesehen von jeder Bedingung des Gewollten, sich sein Gesetz selber sein. Ob beschränkt oder gescheit, ob gesund oder krank, ob mit, ob ohne Erfolg, — nach meinen Kräften ehrlich wollen, das kann ich immer. Das ist die Freiheit des Willens. Sie ist *potentia* gegeben und wird *actu* erworben. Sie bezieht sich aber auch nur aufs Reich der Geister. Ihre Erscheinung [42] ist, wie alles Irdische, bedingt und unerklärbar. Das Irdische muss aus irdischen Gesetzen erklärt werden. So treibt uns auch hier die Betrachtung zu jenem Dualismus, der uns durch unsere Natur gegeben ist. Erklären können wir durch ihn uns selbst freilich nicht; aber wissen können wir, dass wir es nicht können. Uns erklären, hieße uns erschaffen.

Eine erworbene Freiheit mag wohl das praktisch höchste Ziel des Menschen sein; der Theoretiker aber wird immer fragen: Wie will man sie ohne Freiheit erwerben?

Man erinnere sich: Je höher die Individuen in der Wesensreihe, desto ausgesprochener ihr Entstehen und Vergehen in der Erscheinungswelt. Die toten Schichten der Erde sind fast bleibend; sie verwandeln sich in sich selbst. Das Höchste auf ihr, am Geistigen — der Tier- und Menschenleib — wird aus dem unscheinbarsten Anfang geboren, stirbt gleichsam am entschiedensten. Der Geist selbst, das Unsterbliche, offenbart sich in der flüchtigsten Manifestation. Auch hier entdeckt der Denker das große Kompensationsgesetz, die Nemesis, die über Götter und Menschen waltet. (N.: Ich fühle, mich sehr unklar ausgedrückt zu haben, und nehme mir vor, diese Gedanken künftig wieder aufzunehmen.)

Wir zweifeln keinen Augenblick an der Einheit des letzten Grundes aller Naturwirkungen; wenn wir aber [43] nun fragen: Worin liegen denn die besonderen Bedingungen, welche die allgemeinen physikalischen Gesetze zur Erscheinung des individuellen Lebens bringen?, so erhalten wir zur Antwort: In der Organisation des Lebendigen. Was ist nun aufgeklärt? Wir wollen nicht mehr; wir dürfen nicht mehr wollen; wir machen nur aufmerksam, dass die voreilige Verwischung der in der Wissenschaft, der Erscheinung gemäß, gesetzten Differenz zwischen dem Organischen und Nicht-Organischen uns keineswegs fördern würde.

Ohne die Idee der Metamorphose nach Einem Typus wäre die Begrenztheit und Gesetzlichkeit der Schöpfung nicht begreiflich. Es könnten Nixen existieren.

Geist und Körper sind zwei Welten, nur im Menschenorganismus unbegreiflich vereint; gut; eben *dass* sie in ihm vereint erscheinen, regt uns an, die Unbegreiflichkeit wo möglich, zu vermindern; und das will uns nur gelingen, wenn wir den Begriff des Organismus teleologisch auffassen. Hier wird es uns klar, dass selbst die Organisation des Menschen auf seine Geistigkeit berechnet ist. Auch der Naturforscher muss diese Ansicht festhalten, um die physische Natur des Menschen zu verstehen; denn verstehen ist ja nur — auf Begriffe bringen, und Begriffe gehören dem Geiste an.

[44] Hauptaufgabe der Philosophie bleibt es: Den Fluss der Dinge, wie den Bestand derselben, das Werden und das Sein, das Allgemeine und das Besondere (die Allgemeinheit und die Besonderheit) gleichmäßig zu berücksichtigen. Die meisten Systeme verfallen einer dieser Einseitigkeiten; die idealistischen dem Universalen, die realistischen dem Individuellen. Und doch bedingt sich, für menschliche Ansicht — und welche andere wollen Menschen anstreben? — Beides so unabweislich wie Geist und Körper.

„Gott, den wir unmittelbar zu erfassen nicht im Stande sind, hat dem Himmel und der Erde anbefohlen, uns sein Dasein anzukündigen. *Uns aber und unsere Einsichten hat er nach dieser göttlichen Sprache eingerichtet.*" Schließt die tiefste und verwegenste Spekulation mehr auf, als diese simpeln Worte, — ich glaube Gellerts? ... *Ordo et connexio rerum* — in Spinozas Sprache — *est eadem ac ordo et connexio idearum.*

Und wenn die Gedanken der unendlichen Natur nicht die von uns endlichen Wesen sind, — so lasst uns, die wir (*sit venia verbo*) Teile der Natur sind, getrost nach *unserem* Gedankengange fortschließen! wie wir eben denken können und müssen. Die Natur mag die Konsequenzen verantworten.

[45]   Die Abhängigkeit seines Subjekts und dadurch der Wirklichkeit eines objektiven Höhern wird der Mensch, am demütigendsten und erhebendsten zugleich, dadurch inne: Dass es ihm nicht vergönnt ist, stets auf der heitern, freien Höhe geistigen Überblickes und Schaffens sich zu erhalten, auf der er doch manchmal mit Entzücken sich bewegt. Es sind Silberblicke seines Läuterungsprozesses, Lichtblicke einer Welt, in welche hineinzugreifen teils die Bestimmung seines Schicksals, teils die Aufgabe seines Strebens ist.

Wenige Menschen fassen die Tiefe der Mystik (z. B. St. Martin) völlig auf. Wie will man sich den ersten Impuls (die Möglichkeit) des Abirrens der ewigen Regel von sich selbst anders denken als durch einen Willen?

Es ist mit mehreren Vorstellungen der Philosophen so, die dem naiven Denker zuerst abenteuerlich scheinen. Wie will man sich die Welt außer unserer Vorstellung vorstellen? Wie will man sich das ins Unendliche Zusammengesetzte vorstellen, ohne auf Monaden zu kommen? Wie kann man sich diese, in ihrem inneren Zustande anders denn als vorstellend vorstellen usw.

Durch bloße Reflexion wird im Gebiete der Naturwissenschaften nichts entschieden, noch gefördert; wohl aber im Gebiete der philosophischen. Schon dieses Verhältnis muss auf den Dualismus einer Körper- und einer Geisteswelt führen.

[46]   Durch Fühlen und Denken wird das Sittliche nicht gefördert, sondern durch Wollen; nicht durch Wollen und Denken das Schöne, — sondern durch Fühlen. So zeichnen die menschlichen Auffassungsweisen Prinzipien und Grenzen vor.

Die Sprache hat aber kein Wort für den unvermittelten Bezug. Einen solchen hat das Höhere im Menschen (Geist?) zum Wahren, Guten und Schönen. Er erkennt das Wahre, will das Gute, fühlt das Schöne. Demonstrieren kann er mit dem Verstande nur die logischen Verhältnisse des Wahren, das er mit der Vernunft, des Guten, das er mit dem Gewissen, des Schönen, das er mit dem Geschmacke wahrnimmt? (hier fehlt das erwähnte Wort) Also drei Vermögen? Nein! Drei Ideen des Einen für sie organisierten Menschengeistes. Noch einmal: Über unsere Empfänglichkeiten können wir nicht hinaus. Genug, dass der Mensch allein auf Erden etwas denken kann, was er nicht zu begreifen vermag. (Da sind wir doch wieder bei Kant.)

Ein Hauptfehler unserer philosophischen Kritik ist: Dass man es dem Arbeiter im philosophischen Weinberge zum Verbrechen macht, nicht sämtliche moderne Systeme und Ansichten „in sein Bewusstsein aufgenommen" zu haben. Man fordert mehr Geschichte der Philosophie, als Philosophie, und sieht leider nicht ein, dass uns gerade das selbstständige Denken vor allem Not tut.

[47] Die philosophischen Systeme seit Kant stellen eigentlich nur durchgeführte Demonstrationen *ihrer* Unzulänglichkeit dar. Schon Kant erfuhr den Vorwurf, dass er die Vernunft bei der Hintertür wieder hereinlasse (praktisch), die er bei der vorderen (theoretisch) verwiesen. Noch viel entschiedener tat dies Fichte, der geradezu das Unmögliche des Wissens durch sein Wissen vom Wissen bewies, und an die Instanz des Glaubens verwies. Schelling, sich noch weiter von der Verstandesreflexion entfernend, kam folgerichtig dahin, seine Philosophie selbst für eine solche zu erklären, die man *ästhetisch* (Syst. d. tr. Ideal. S. 21) auffassen müsse, bis Hegel durch Aufhebung des Satzes vom Widerspruch sich selbst offen negierte. Soll nun ein leerer Skeptizismus eintreten? Gewiss nicht! Alles ist seines Daseins und Zweckes sicher — innerhalb seiner Grenzen. Dass doch der Mensch so ungern das begreift! Die Religion ist mehr als die Politik, — eben darum darf sie nicht an ihre Stelle treten. Mag doch die philosophische Ansicht nicht die höchste umfassendste für den Menschen sein, — warum will sich eine höhere an ihre Stelle setzen, ihren Namen annehmen? Warum nicht auch hier das heilige *Suum cuique*?

Wer den Entwickelungen der deutschen Philosophie seit ihrer Reform (?) durch Kant mit hinlänglicher Aufmerksamkeit gefolgt ist, um die einzelnen Systeme in ihrer Relativität gehörig zu würdigen, wird zu dem Ergebnisse gelangt sein, dass der Gesichtspunkt Kants vorzüglich für [48] die Behandlung der Philosophie im Allgemeinen und der Logik insbesondere, — der Fichtes für die der Ethik — der Schellings für die der Ästhetik (Kunst-Philosophie), — der Herbarts für die der Psychologie und vielleicht der Naturwissenschaft fruchtbringend werde. Wohin könnte sofort Hegels Gesichtspunkt deuten und führen? Vielleicht beantwortet schon dieses Dezennium eine Frage, die ich zu lösen mich nicht berufen fühle.

Ebenso lässt sich die Wurzel von Schellings *Ideal*-Philosophie finden. Gleich am Eingange seines Hauptwerkes für sie[1] stellt er, dem populären Sinne gemäß, als Aufgabe: Die Wahrheit — in der Übereinstimmung der Vorstellungen mit ihren Gegenständen aufzufinden. Einer solchen Aufgabe konnte nur die Lösung genügen, auf welche Sch. folgerichtig getrieben ward, absolute Einheit des Subjektiven und Objektiven. Aber lange vorher hatten scharfe Denker das Verfängliche in jener populären Formalisierung der Aufgabe erkannt. Ein materiales Kriterium der Wahrheit würde allen Unterschied der Dinge aufheben; die Gesetze der Vernunft sind alles, was dem Menschen zu erkennen möglich ist (Kant, Log. S. 65). Schellings Wege bestätigten diesen Satz. Sie führten zu einer Symbolik, deren Bildersprache nichts aufschloss als die Gesetzmäßigkeit des denkenden Vermögens. Die Philosophie [49] ward zu einem Weltgedichte, in dessen idealer Beleuchtung die scharfen Konturen der Wirklichkeit sich verloren.

Schellings Natur-Philosophie lässt sich am Besten genetisch aus seinem bezeichnendsten Werke: Von der Weltseele, beurteilen. Die Unerklärbarkeit der Ineinanderwirkung von Geist und Stoff, als Problem, durch ein Mittleres zwischen beiden heben zu wollen, vergleicht er richtig mit der Meinung, dass man auf einem Umwege vielleicht doch zu Lande nach England kommen könnte. Müde solcher Trägheitsbehelfe, habe die Philosophie sich vom Empirismus losgerissen und die Funktionen der Intelligenz transzendental aufgefasst (Kant). Es bleibe also nur übrig, die somatischen Funktionen rein physiologisch aufzufassen, — unbekümmert, wie endlich diese entgegengesetzten Auffassungen sich vereinigen werden (S. 296). So weit wäre alles gut. Nun führt ihn aber dieser Weg einer von ihm sogenannten spekulativen Physik von den einfachsten physikalischen Vorgängen aufwärts bis zum Begriffe eines Organismus. Dieser (auf dem damals gebahnten empirischen) „zum Bildungstrieb". Dieser — über sich selbst hinaus, zu einer Weltseele — dem gesuchten *Band*, welches doch nichts anderes als eine Hypothese ist, wofür sie damals Sch. selbst noch auf dem Titel des Buches gab. War damit die Kluft für unser Erkennen aufgehoben? Wenn immer abgeschlossnere Individualität der Kulminationspunkt des Organisierens ist (S. 219), wie verhält sich der Geist im Menschen, der alle Individuali-[50]tät aufhebt, zu diesem so individuellen Organismus? Oder wenn eben im „Bande" alle Individuen, als solche, untergehen, wie könnten sie daraus erklärt werden? Man sieht deutlich, wie Schelling, von der Empirie ausgehend, jede

---

[1] Syst. d. transz. Ideal. 1800, S. 1

Grenze überschreitend, in eine Region geraten musste, in welcher alles Eins, d. h. Nichts ist.

Schellings eigentliches und bleibendes Verdienst liegt in der philosophischen Behandlung der Hauptprobleme der Naturwissenschaft; in dem, was er spekulative Physik nannte, und in der Schrift von der Weltseele zuerst und am besten auseinandersetzte.

Die philosophischen Dogmen oder dogmatischen Philosopheme haben, gerade je großartiger sie sind, desto mehr den Nachteil, dass sie den Menschen zu leicht und zu bald beruhigen. Das gilt nicht nur vom Quietismus der All-Eins-Lehren, sondern selbst von jenem tüchtigen Idealismus, der, wie bei Fichte, auf Tätigkeit verweist. Es ist (wie Joh. Müller von einer räsonierenden Verzweiflung sprach) eine Art handelnder Verzweiflung, und jedenfalls eine Tätigkeit in *bloß* sittlicher Sphäre. Das aber war der Vorzug der Philosophie Kants, dass sie eine kritische war, also jede Art Tätigkeit anregte und bestimmte. Ihre schwache Seite war eben auch dort, wo sie dogmatisierte, z. B. bei den Kategorien.

[51]   Wenn man philosophische Schriften vor und aus Kants Epoche liest, hat man das wohltuende Gefühl einer dem menschlichen Geiste völlig gemäßen, auch nachhaltig zur Tätigkeit anregenden Denkbeschäftigung. Nicht so bei den späteren; hier fühlt man sich augenblicklich, wie in Byrons *Kain* von Luzifer, in ein unendliches Leere mit fortgerissen; man schwindelt mit Vergnügen eine Weile „*in the abyss of Speculation*", und zurück bleibt — Lähmung und Überdruss. Das Wirken in der und für die Welt erscheint als nichtig. Welches das rechte Denken sei? „An seinen Früchten sollt Ihr es erkennen."

Kants theoretische und praktische Vernunft, Fichtes Wissen und Glauben, Herbarts Metaphysik und Ästhetik wurzeln in derselben Doppelbedingung des menschlichen Wesens. Zu dieser Ansicht scheint alles ehrliche Denken zu führen, und das Resultat ist in der populären Voraussetzung über das Verhältnis von Spekulation und Handeln (Denken und Tun) vorgebildet und bestätigt.

Einheit ist nur Gesetz fürs Sollen; Ideal, — Vielheit ist im Sein; Wirklichkeit. Vielheit finden wir vor, zur Einheit gelangen wir, Einheit erschaffen wir, in uns oder nach dem Bilde unseres Innern.

Kant und *Platon* sind sich in dem verwandt, was sie eben zu den größten Philosophen ihrer Zeiten macht: [52] Sie verfahren Beide kritisch, und lehren weniger eine Philosophie als das Philosophieren. Solche Lehrer sind die Befreier des menschlichen Geistes, die eigentlichen Lichter der Welt.

Beide bezeichnet die ebenso seltene als unschätzbare Verbindung: Eines unbefangenen, nüchternen, scharfen Skeptizismus mit der geläutertsten sittlichen Idealität.

Durch nichts wird Kants Wert so deutlich als durch die Betrachtung der vermeintlichen Widerlegungen, die ihn verkleinern sollen.

Die innerste Absicht Platons geht überall dahin: Den Menschen *denken*, d.h. zweifeln zu lehren, und dabei den *Glauben* im Gemüte zu wecken, zu nähren, unüberwindlich zu machen.

Platons Geist offenbart sich keinem, der sein System zu verstehen glaubt, und, sei es bestätigend oder kritisierend, erläutert. Er entschwebt ihnen wie der Schatten seines Freundes dem Achill; man muss, frei von irdischen Banden, weben und schaffen wie Er, um ihn brüderlich umarmen zu dürfen.

[53]   *Platon* ist deshalb so vielfach erklärt, bestritten, verteidigt, und durch das alles nur immer dunkler gemacht worden, weil man sich an das Theoretische hielt, das bei ihm nur Symbol oder Dialektik ist. Man versteht ihn gleich, wenn man im Auge behält, dass sein Zweck immer nur der ethische und seine Form poetisch ist.

Platon. Skepsis des Verstandes bei Zuversicht der Vernunft; Schwärmerei mit Ironie; Dialektik, um die Nichtigkeit derselben und die alleinige Gültigkeit des Sittlichen zu beweisen — eine Bildersprache und Symbolik, teils erfunden, teils mit Virtuosität den verschiedensten Vorstellungsweisen entlehnt, — welche ebenso sehr der Ausdruck der Begeisterung ist, als der Bescheidenheit, hohe Gegenstände nicht mit dürrem Räsonnement abtun zu wollen.

Wie vieler Züge bedarf es, um sich diese großen Eigenschaften in ihrem seltenen Komplex deutlich zu machen!

Sich eine Rück-Ahmung eines Zustandes zu denken, in dem die menschliche Natur, nicht aber wir selbst (als Individuen) einmal gewesen (Adam), bleibt schwer. Leichter und menschlicher scheint die Vorstellung der Erinnerung an einen Zustand, den die Seele selbst erlebt hat (Platon).

So lange man *Kant* unter den übrigen Gründern philosophischer Schulen (wie seine Nachfolger: Fichte, Schel-[54]ling, Hegel, etc.) angeführt, hat man seinen Wert noch nicht verstanden. Nicht sein System macht diesen aus, sondern seine Methode. Er hat den Punkt des Archimedes gleichsam *außer* der Philosophie, durch den er ihre Welt bewegt. Das ist der Begriff seiner *Kritik*, die ihm für immer den Vorzug vor den übrigen s. g. Philosophen sichern wird. So müssen eben Systeme gebaut, geprüft, verglichen, vereinigt werden. Wer *Kantianer* ist, bleibt von Kant am weitesten entfernt. Anders bei Spinoza, u. d. andern.

Kant hat einen großen, weiten Blick eines Weltmannes im schönen Sinne des Wortes, bei dem ihm nur ein an Freiheit verwandter, nicht so leicht der des Philosophen vom *Fache* zu folgen im Stande ist.

Man lernt Kants Wert erst völlig begreifen, wenn man die nach ihm entstandenen Übertreibungen, und die daraus hervorgegangenen Widerlegungen seiner Lehre durchzuprüfen die Geduld hat.

Ein großer Kreis umgibt den Menschen. Den Einen seiner beiden Halbkreise bilden die Dinge, den andern die Ideale. Auf beide bezieht sich all' sein Vermögen, Können. Wissen, Handeln. Dem Einen entspricht sein Sinn und sein Verstand, dem andern seine Vernunft und sein Gemüt. Ihn, wie die Erde um ihre Achse, abwechselnd zu erfüllen, ist seine Aufgabe. Bleibt er auf Einer Seite, so [55] ist sein Wesen halb und er empfindet die Lücke. Will er beide auf einmal festhalten, so gerät er in Schwankung und Verwirrung. So teilt sich die Philosophie in das Wissen von dem, was ist, die theoretische, und in das von dem, was sein soll, die praktische, mit dem ästhetischen und sittlichen Ideale. So bewegen wir uns ewig zwischen Natur und Freiheit, Sein und Werden, Gegenwart und Geschichte, den Forderungen der Wirklichkeit und den unabweislichen eines höhern Bedürfnisses, das wir Sehnsucht, Hoffnung, Glaube nennen. Aber es ist immer nur Eine Achse: Der Mensch; nur Ein Kreis: Die Unendlichkeit.

Die Philosophie, das reine Streben nach Wahrheit, als solches, muss, frei von (auch den besten) Nebenabsichten, auf sich selbst beruhend, nur die Wahrheit zum Ziele haben. Gewiss! Aber man bedenke wohl: Dass Ziel nicht Zweck ist. Es gibt für den Menschen nur einen absoluten Zweck: Es ist der sittliche. Sein Gesetz gilt dem Wollen, nicht dem Wissen. Nicht Wahrheit kann der Zweck eines so tausendfach beschränkten Wesens sein, — nur redliches Wollen. So ist also das ethische Prinzip dem intellektuellen übergeordnet, und nur durch jenes kommt Einheit in das gesamte Wirken des Menschen.

(Man denkt nach *Gesetzen*, man *will* einen Zweck.)

[56]   Ein theoretisches Resultat ist ein Gesetz; ein praktisches Resultat ist eine Maxime. Ein Gesetz oder eine Maxime (Grundsatz), der die Norm und Bedingung für die Entwicklung eines Ganzen von Theorie oder Praxis in sich schließt, ist, als solcher, ein Prinzip.

Auf Anteil, also auf Empfindung (oder, wie man ein solches Ursprüngliche lieber nennen mag), beruht zuletzt doch alles. Verlange der strenge Denker immerhin, dass man sorgfältigst allen Beifall und Tadel (alle Ästhese) von der Begriffsbearbeitung fern halte, — ist nicht dieser innige Anteil an ihr selbst, das Denkinteresse, das lebendigste für den geistigen Menschen?

Nicht nur die einsamen Schwelgereien der Fantasie sind ein heimliches Laster, — auch die des Denkens, wenn sie keinen sittlichen Zweck (unmittelbar oder mittelbar) verfolgen. Das ist es, was Rousseau meinte, wenn er (nur etwas zu Rousseauisch) den denkenden Menschen ein verfehltes Tier nannte; das ist es, wovor Kant, als vor dem spekulativen Egoismus, der zum Wahnsinn führen könne, so oft und so eindringlich warnte. Der Mensch mit all' seinen Anlagen und Kräften ist nun einmal aufs Tun, d. i. auf Andere, mehr als auf sich, angewiesen. Doch muss er vor dem Tun und nach dem Tun bei sich einkehren, wenn er das Rechte tun, das Getane verstehen und genießen soll. Und selbst als Genuss mag ihm [57] diese Einkehr gegönnt sein, wenn sie ihn, durch die Intensität ihrer Wollust, vor niedrigen Genüssen bewahrt.

Ich soll gut handeln! Gut; aber wer sagt mir, was gut sei? Das Gewissen. Was sagt es aber aus? Dass du, sei auch deine Einsicht für diesen oder jeden andern vorkommenden Fall noch so unzulänglich, so dass du dir nie getrautest zu bestimmen, was gut sei, — den *Willen* haben und treu bewahren sollst, ehrlich zu verfahren. *Das ist gut.* (Gesinnung.) Nur ist zu bemerken, dass die *wissenschaftliche* Ethik mit diesem ersten Grundsatze nicht abschließt, sondern erst anfängt. Denn sie hat nur erst die *Verhältnisse* dieser Gesinnung, wie sie gegeben sind (wie die Ästhetik die des Geschmackes), als Probleme zu behandeln.

Nichts ist so misslich für den unbefangenen Beobachter und so gefährlich für die Geltung der Philosophie als die Zuversicht, mit der jeder Philosoph, fast in denselben Ausdrücken, Ruhe und Seligkeit von seiner Ansicht verheißt, und zugleich das Haltlose der Verheißungen der andern nachweist. Wollten sie doch lieber alle vorziehen, die nüchterne, ja kalte Sprache aufrichtigen Suchens statt der emphatischen des Gefundenhabens zu sprechen! Dazu kommt der stete Wechsel der Systeme. Jedes galt einmal; welches wird endlich gelten? Die wahre Beruhigung, die man hierüber dem Zweifelnden geben kann, liegt darin [58] dass in allen Systemen ein Festes, ein Gemeinsames ist, welches derjenige erkennt, der ihre Idiome in einander zu übersetzen weiß. Und dies Gemeinsame ist gerade Das, was jene Ruhe zu begründen vermag: Der absolute Wert und die Selbstständigkeit des Geistes. Zu diesem Ergebnisse gelangt der echte, gute Eklektizismus.

Immer schärfere Begrenzung, immer läuterndere Reinigung, immer mehr auf Einheit reduzierende Sichtung der *Probleme* — das ist philosophischer Geist. Das letzte, einzige, klar geschaute Problem aller Probleme wäre — ihre Lösung.

Man kann nicht mit völligem Rechte sagen, wie man gesagt *hat* — dass die Systeme der Philosophen aus ihren Individualitäten entspringen; wohl aber nehmen sie die Farben dieser Individualitäten an. Der Stoizismus bekennt in jedem Stoiker dieselben Grundsätze; aber sie nehmen sich anders bei Epiktet, anders bei Mark Aurel aus. Im Übrigen ist eine stete Wechselwirkung in jedem geistig-leiblichen Organismus nicht zu verkennen. Nicht Kants phlegmatisches Temperament hat seine Ethik erzeugt; nicht seine Ethik ihn phlegmatisch gemacht; wohl aber stimmte beides harmonisch zusammen.

[59] Eins aber ist gewiss. Man denke von Philosophie, was und wie man wolle: Immer ist der sittliche Charakter zu ihrer Bearbeitung erforderlich. Schon das Bestreben nach unbedingter Wahrheit, an sich, setzt voraus oder erzeugt Geschmack für Sittlichkeit; wer sich, aus unsittlichen Motiven, um Geld oder Ehre, an diese Arbeit wagt, kann nie reine Ergebnisse hoffen, noch hoffen lassen. Jedenfalls muss er in der ethischen Begriffsbearbeitung

wie ein Blinder von der Farbe reden; hier, wo der Charakter den Inhalt gibt, um den das Denken nur die Form zeichnet. Aber selbst der formellste Teil der Philosophie — die Logik, — was ist sie als eine konsequent durchgeführte Ehrlichkeit des Denkens?

Aperçu. Durch diesen Ausdruck bezeichnet der französische Sprachgebrauch die geschickte Auffassung, wodurch ein Mannigfaltiges gleichsam für *einen* Blick hingestellt wird. Goethe bedient sich desselben gern, um eine frische, erfinderische Wahrnehmung auszudrücken, die mit einem Blicke eine Menge folgenreicher Wahrheiten aufschließt; etwa, was man einen glücklichen Griff in der Forschung nennen möchte. Auf dem Gehalte und dem Reichtume solcher Aperçus beruht eigentlich der Wert eines Schriftstellers. Die Bedeutung eines systematischen Denkens und einer symmetrischen Darstellung darf nie verkannt werden; aber man bemerke, dass ganze Systeme nur ausgesponnene Aperçus sind, wie z. B. das Gallsche. Darum schätze man den unbefangenen, geistvollen Mann, der, auch außer [60] der Schule, ein frisches Auge auf die Wissenschaft wirft, und eklektisch, rhapsodisch, wie man will, ihr Fragen aufwirft und bearbeitet.

Wenn wir in Worten dächten, müsste 1. die Sprache *vor* den Gedanken, sowohl bei Einzelnen, als im Menschengeschlechte, vorhanden und gebildet sein; würde es 2. nicht vorkommen, dass wir oft vergebens ringen, einem Gedanken Worte zu geben, der uns inwohnt. Man darf also nur so viel sagen, dass wir dann in Worten denken, wenn wir klar und bestimmt denken; weil die in uns webenden Gedanken erst durch die Sprache zur Klarheit und Bestimmtheit gedeihen konnten. Wer bestimmt, ob — wie Herder meinte — Verba, oder — wie man wohl wegen der Sinnlichkeit der Objekte eher annehmen möchte — Substantiva zuerst gebildet wurden? Wer, ob in der Begriffbezeichnung Wort oder Begriff die Priorität hatten? Scheinen sich nicht vielmehr Denken und Sprechen gleichmäßig zu bedingen, zu sollizitieren, zu fördern?

Der Philosoph muss nicht, wie es die Deutschen so gerne tun, die Sprache, unter dem Vorwande ihres Reichtums und ihrer Bedeutsamkeit, zu seinen Absichten drehen und deuteln; wohl aber muss er ihr sorgsam auflauern, wo sie ihm etwa ein Schnippchen schlägt. „Gott" als männliches Substantiv z. B., schon dem Kinde mit der Sprache überliefert, gibt dem ganzen Anthropomorphismus Wurzel und Boden.

[61]   Nichts charakterisiert so bündig eine Nation in ihrer *Eigenheit* als Worte ihrer Sprache für *Eigenschaften*, wofür andere Sprachen keine Worte haben. Unübersetzbar sind: *whimsical, comfort* (Bequemlichkeit mit heimischem Behagen?), *etourderie, polissonnerie, poltronnerie, élegance, esprit, Grandezza, decus, honestum, virtus,* Gemütlichkeit, Kleinstädterei, Salbaderei usw. Diese Dinge finden sich zugleich und vorzugsweise mit den Bezeichnungen in demselben Lande. (Wir Deutsche tun uns so viel auf unsere Geradheit, Offenheit, Einfalt und Treue zu gut; sagt nicht *sincere* alles das mit Einem Worte?)

Man tadelt mit Unrecht den Gebrauch fremder Worte, wo die eigene Sprache nicht auslangt. Der Gebildete opfert der Bildung die Engherzigkeit eines grammatikalischen Patriotismus. Wie in ein Meer bildsamer Flüssigkeit, die alle Länder umspült und verbindet, greift er in den Schatz ihrer Sprachen, und schöpft allenthalben, wo er es zur Schöpfung bestimmter Gestalten eben bedarf. Welche Quellen des Verständnisses, der Humanität tun sich hier auf!

Die dialogische (besser katechetische) Form ist für Philosophie besonders fruchtbar, weil alles Denken ein Sprechen mit sich selbst ist. Fragen und Antworten — darin besteht das Philosophieren; und nur Philosophieren ist die rechte Philosophie. Nur ist es bei diesem Vortrage gefähr-[62]lich, nach einem Schema, zu einer Absicht, zu schreiben. Das Problem ist selbst erst zu suchen, zu bestimmen; dann unbefangen, von jeder Seite aus anzusehen, zu bearbeiten; was sich dabei (auch wohl daneben) ergebe, ist ruhig aufzufassen, durchzuführen. Gleich unpassend ist Dummheit des einen Sprechers, der zu allem nur „Ja" sagt, — wie Zank zweier Dogmatiker, die sich ewig in ihren Kreisen drehen. Für Letzteres eignet mehr die Briefform. Dort muss keiner Recht, mehrere müssen das Rechte haben wollen; müssens miteinander suchen. Platon bleibt hierin ewig Muster. Es ist übrigens merkwürdig, dass es fast keinen gedankenreichen Schriftsteller gibt, der sich in dieser Form nicht versucht hätte[2]. Ein Beweis, wie sehr man ihren Vorzug fühlt; hier zeigt sich auch wieder, wie viel lebendiger und prägnanter der Kritizismus als der Dogmatismus ist.

---

[2] Platon, Hiob, Xenophon, Lukian, Aeschines, Neuplatoniker (Hermes), Cicero, Mendelsohn, E. Platner, Berkeley, Hume, Diderot, Kant (Tugendlehre), Hemsterhuis (?), Herder, Lessing, Goethe, Fichte, Engel, Weishaupt, Wieland, Voltaire, de Ligne, Shaftesbury.

Es ist eigen, dass *Spinoza*, dessen System eigentlich gar nicht ethisch (praktisch), sondern echt theoretisch ist, nicht nur die Bezeichnung „Ethik" wählte, sondern auch unleugbar in dem wirklich ethischen Abschnitte *de Libertate* (die er bekanntlich leugnet und selbst aufs Glänzendste herausstellt) eben die größte Meisterschaft be-[63]währt; übereinstimmend mit der anerkannten sittlichen Musterhaftigkeit seines Wandels.

Herbart, als strenger, Maß und Wahrheit achtender Denker, gibt unwillkürlich den von ihm so lebhaft bestrittenen, echten kritischen Idealismus zu, indem er überall sorgfältig sich gegen das „unserer Spekulation etwa Unzugängliche" verklausuliert. — Ist „Substanz" nicht eben so ein von uns Gedachtes als „Kraft" oder „Geist" usw.?

Man fühlt sich bei Herbarts Zergliederung des Begriffs „Tugend" an das gemahnt, was Sokrates dem Menon (bei Platon M. S. 36) sagt: „Glaube nicht, dass du bei der Frage, was Tugend im Ganzen sei, durch Trennung ihrer Bestandteile irgendjemanden den Begriff deutlich machen werdest! Immer wird er wieder fragen: Was ist nun die Tugend, von der die von dir genannten Beziehungen Teile sind?"

Pascals Gedanken gehören unter die merkwürdigsten Dokumente menschlicher Geisteseigentümlichkeit. Sie können nur aus seiner Geschichte und der seiner Zeit vollkommen verstanden (richtig beurteilt) werden. Sein scharfer, gründlicher Geist einerseits, sein leidender Körper und die Denkart seines Jahrhunderts andererseits trieben ihn rastlos zwischen zwei Extremen, die er vereinigen zu können die feste Überzeugung in sich fühlte. Daher begegnen [64] wir bei ihm beständig Antithesen, zwischen denen er uns mächtig fortreißt, — während er stets behauptet und anrät, die Mittelstraße zu wandeln. In der Kühnheit, Aufrichtigkeit, Klarheit, Bestimmtheit, Schärfe, Größe und Schönheit, womit er die Kontraste der menschlichen Natur enthüllt, besteht sein größter, sein unvergleichbarer Vorzug.

Garve ist vielleicht von allen philosophierenden Schriftstellern der aufrichtigste — gegen sich und den Leser. Ein unschätzbares Verdienst, dessen Wert man erst nach vielen Enttäuschungen und am tiefsten in einer Zeit fühlen lernt, der, wie der unsern, in Leben, Kunst und Wissen, alle Naivität gebricht. Naivität aber ist Grundbedingung alles Großen.

Auch seine Penetration ist merkwürdig. Wer Gedankenreisen fortzuführen vermag, wird leicht die tiefsten Probleme der Spekulation auf eine höchst einfache Weise in seinen Schriften (z. B. in der über das Dasein Gottes) angedeutet finden, die dann später mit der tiefsinnigsten Physiognomie sich wichtig gemacht haben. Und gerade sie so einfach aufgefasst zu haben, macht seinem Verstande am meisten Ehre.

Pietät heißt die Anerkennung eines geistig Höheren. Ihr Gefühl ist Ehrfurcht, wenn man will — Demut; aber in dieser Demut selbst ist Erhebung. Ohne Pietät ist weder dichterische Fähigkeit noch Empfänglichkeit denk-[65]bar: Denn ohne das geistige Element bleibt statt des Gefühles nur Empfindung.

„Er kann lieben und verehren,
Darum ist sein Lied so rein."
(Geschmack fürs Schöne, fürs Gute: Gewissen.)

Philosophie ist nicht ohne Kälte denkbar. Wer nicht grausam gegen das eigene Gefühl sein kann, philosophiere nicht. Aber diese Kälte ist auch nur verhüllte Pietät in anderer Richtung; denn sie beruht auf Anerkennung des absoluten Wertes des Geistes in der Wahrheit. Und so steht die Dreieinigkeit fest: Der ewige Geist, drei in Einem, Einer in Dreien; die Dreieinigkeit des Guten, Wahren, Schönen.

Mit allgemeinen Betrachtungen ist es wie mit jedem wahren Vergnügen. Wie dieses nur dann rein ist und die Seele erweitert und erhebt, wenn es auf die Mühe der Arbeit folgt, — so erfüllen auch jene nur dann denselben schönen Zweck, wenn sie, ein stiller, gehaltvoller Strom, aus den dunklen, klippen- und mühevollen Gängen der Forschung im Einzelnen und Besonderen fließen.

Philosophie, wie ein Orakel, ohne erworbene Kenntnisse, aufnehmen oder spenden wollen, ist Frevel gegen die menschliche Bestimmung; und die gläubige Weisheit des Knaben wird in der Stunde der Prüfung zu Schanden vor dem bescheidenen Zweifel des Mannes, der spätern Frucht des Erlebnisses.

[66] Menschen mit einer höhern Gesinnung, besonders wenn zugleich mit einem zarteren Sinne begabt, scheuen oft (aus einem Missverständnisse) die völlige Aufklärung über wichtige Gegenstände. Sie fürchten, dass der Verstand sich überhebe, wünschen, dass der Ehrfurcht ein Raum bleibe, und sind von den Ansprüchen einer geistigen Welt durchdrungen. Aber

eben, wer das letztere *ganz* ist, wird ganz unbesorgt jedem Licht seine Bahn gönnen, und ruhig lächeln, wenn sich der Strahl für die Sonne hält. „Ich bin sehr überzeugt", sagte der beste deutsche Denker, „dass diejenigen, welche geistige Kräfte annehmen, dem Rechten näher sind, als die Mechanisten; aber ich rate, so lange den Weg mechanischer Erklärung fortzugehen — als er führt. Nur so kommt man vorwärts." Die Ansprüche des Geistigen melden sich schon selbst. Es ist dafür gesorgt, dass die Bäume nicht in den Himmel wachsen (Anwendung auf den Mechanismus des Gehirns, die Imponderabilien, die künstlichen Mineralwässer). In diesem Sinne sind ideal gesinnte Menschen selbst dem Aberglauben manchmal günstig, — weil sie das Kleinliche und Lächerliche des Unglaubens fühlen, und jeden Zug ehren, der das Gemüt an seinen höhern Ursprung mahnt.

Gute, aber nicht scharf denkende Menschen, von Zweifeln belagert, ziehen es oft vor, und lehren es selbst als Weisheitsregel: Den Problemen lieber aus dem Wege zu gehen, als sie zu lösen. „Handeln", sagen sie, „ist besser als grübeln", — und: „Wo höhere Grundsätze sprechen, be-[67]darf es keiner kleinlichern Argumente." — Sie haben Recht — für sich; dem durchdringenden Verstande aber können sie immerhin das Problem überlassen; — überzeugt, dass er, siegend oder besiegt, die höheren Grundsätze bekräftigen, das Handeln fördern werde. (Hierher der Ausspruch: „Die beste Verfassung ist: Die Bestverwaltete.", u. ähnl.)

Man glaubt gar nicht, wie *wenige* Menschen eigentlich *selbst* denken; wie sehr selbst die geistige Tätigkeit und Produktion oft der berühmtesten Gelehrten und der beliebtesten Dichter nur eine fast mechanische Reproduktion des vielfach in ihnen aufgesammelten Denk- und Dichtstoffes ist, von dem sie nicht mehr *wissen*, dass sie ihn gesammelt, aber nicht geschaffen haben.

Man kann recht gut an sich selbst gewahr werden, dass an der Philosophie nicht eigentlich der Inhalt, sondern die Denkübung das Bildende ist. Diese aber ist eben unschätzbar. Denn sie gibt dem Menschen mehr als jeder Inhalt irgendeines Wissens.

Der Philosoph bilde sich nicht ein, auf dem Gipfel der Menschheit zu stehen. Er sieht *alles* ein; gut! Aber er sieht es *nur* ein. Der Dichter macht selbst dieses Einsehen zu seinem Gegenstande; steht also höher. Aber auch er überhebe sich nicht. Der Philosoph macht auch *ihn* [68] und sein Dichten zum Gegenstande seines Denkens. Der Künstler *stellt beide dar* usf.

Produzieren, tätig sein — ist alles; alle Tätigkeiten sind nur Teile (?) — Reflexe u. dgl.; der Zustand aller Zustände lässt sich nicht aussprechen. Genug, wenn praktisch alle Tätigkeiten von einander geschieden operieren, dass keine die andere ersetzen will und stört: Im Ganzen dadurch, dass jedes Individuum auf seine Weise tätig sei, — und im Individuum selbst dadurch, dass man sich nur *einer* Tätigkeit für einen bestimmten Zweck für *jetzt* überlasse. (Dies alles muss *deutlicher ausgeführt* werden. Es stehe nur da, um mich an diesen Vorsatz zu erinnern.)

Man geht oft fehl, und verschwendet die höhern Geistestätigkeiten, indem man die Lösung gewisser Probleme mehr in der *Tiefe*, als in der *Breite* sucht. Probleme des sozialen, des politischen Lebens, der Medizin usw. fordern oft weniger den Tiefblick des Metaphysikers, der auf die letzten Gründe der Verhältnisse geht, als den weiten Umblick der Kenntnis und Erfahrung, der die Gesamtheit dieser Verhältnisse und ihre allseitigen Beziehungen und Verwickelungen miteinander zu erfassen und in ein Ganzes zu sammeln fähig ist. Was sein soll — das eigentliche Prinzip des Philosophen — ist bald gesagt; was ist, bleibt schwer zu beurteilen; und wie das werden kann, was sein soll, — welche Aufgabe ist schwieriger zu lösen, als diese?

[69] Es gibt drei Epochen, drei Standpunkte, die in vielfachen Beziehungen sich wiederholen: Unschuld, Kampf und Tugend.

Der unreife Jüngling hängt treusinnig am reinen Bilde des Guten, des Einfachen; der gärende Jüngling an der Schwelle des Mannesalters fühlt sich hingerissen von der Kühnheit der Genialität in die verworrene Fülle ahnungsreicher Unendlichkeit; der reife Mann kehrt geläutert zur Anerkennung des einfach Wahren zurück.

Auf der ersten Stufe begreift man das Genie noch nicht; auf der zweiten eignet man sich ihm an; auf der dritten sieht man seinen Wert, aber auch seine Relativität ein. So Menschen, so auch Nationen.

Im frühen Jünglingsalter findet man Goethe kalt, im spätern hinreißend; im Mannesalter versteht man ihn. Als der Werther erschien, tadelten die Ältern, die Jüngern schwärmten; wir sehen nun freilich ein, dass die Ältern die neue Dichtart nicht völlig verstanden; wir sehen aber auch ein, dass ihr besonnenes Kopfnicken nicht ohne Bedeutung war. Der Wert der Nüchternheit tritt nach den Berauschungen doppelt groß hervor. Man kehrt von Hegel mit einer Hochachtung, die man früher belächelt und nicht begriffen hätte, — zu Garve und Mendelsohn zurück. Das Blendende verliert seinen Zauber am Spiegel der Erfahrung, — im künstlerischen, wissenschaftlichen und sittlichen Leben. Die Spekulation grenzt an ihrem letzten Saume — an das Gebiet des gesunden Menschensinnes, und man möchte, mit Jakobi, jedem Genie eine Maul-[70]schelle zudenken, das „von erhabenen Gesinnungen faselt, ohne die gemeine Rechtschaffenheit zu haben".

Was eigentlich die Produktion des ernstlich gesinnten Schriftstellers gegenwärtig lähmt? ... Das Bewusstsein, kein Publikum vor sich zu haben. Wer mag öffentlich *in sich hinein* reden?

Der Deutsche hat kein Publikum. Schriftsteller, Maler, Tonkünstler wenden sich entweder an den Gelehrten — und werden nie national; oder an die Masse — und opfern die Gründlichkeit einer flüchtigen, wo nicht niedrigen Wirkung. Wir haben keinen Mittelstand für Kunst und Literatur. Das Mittlere in den Leistungen ist aber nicht negativ, d. h. beide Extreme zu vermeiden, denn das gäbe das Halbe, das Nichtige, — sondern positiv, d. h. durch das wahrhaft Gebildete diese Kluft auszufüllen.

Es gibt falsche, leichtfertige Kollektivbenennungen, die in Leben und Kunst viel Verwirrung stiften. „Mystiker, Schwärmer, Freigeist, junges Deutschland, moderne Schule usw. usw." Was hat man damit gesagt? Eine Ungerechtigkeit. Es liegt allerdings allenthalben ein Gemeinsames zu Grunde; aber gerade das Individuelle darin auszufinden, — das ist die Aufgabe. Tauler und St. Martin sind Mystiker, Plotin und Wesley vielleicht Schwärmer, Spinoza und George Sand Freigeister. Börne [71] und — junge Deutsche, Shakespeare und Tieck Romantiker: Welche Gegensätze! Also keine abfertigenden Allgemeinheiten, bei denen man sich durch ein Modewort des Verstehens und der Gerechtigkeit überhoben glaubt.

Dass die deutschen Dichter, in einer älteren Epoche, eine zynische Rohheit affizierten, in dem Wahne, sie gehöre zum poetischen Genie, war verkehrt genug; aber man fühlt doch ein entschuldigendes Motiv durch: Das Recht der Natur gegen Affektation und Philisterei. Dass sie aber, in einer neueren Epoche, die Farbe der Dandys tragen, ist ganz dumm, bricht ihnen als Dichtern den Stab, und lässt hinter der Lionshaut den Esel durchblicken.

Manierierte Dichter erziehen gleichsam ihre Leser nach und nach zur Geschmacklosigkeit. Wie sie selbst die Linie des Natürlichen und Schönen einmal überschritten, keine Schranken mehr kennen, und im Absurden unendlich fortschreiten (wie der Schauspieler, in dem die nicht gefühlte, nur nachgeäffte Miene des Gefühls durch immer größere Übertreibung zur Karikatur wird), so gewöhnt sich der Leser immer mehr, was ihm anfangs fremd, allenfalls originell schien, anziehend, schön, endlich gar als das Rechte und Gehörige, — und sofort das wirklich Rechte und Gehörige als matt und gleichgültig zu empfinden. Der Lieblingsdichter borgt ihm die Brillen, durch die er sehen lernt.

[72]   Wir Deutsche haben ein eigenes Talent für das Nichteigene. Wie wir mit jedem Fremden seine Sprache sprechen, so merkt man fast jedem unserer Schriftsteller bis auf das „Räuspern und Spucken" seinen Meister an. (Mir z. B., wie ich höre, die Schule Goethes.)

Warum die vortrefflichsten Dichter und Schriftsteller erst nach und nach, bei wiederholtem Lesen und wenn man sich gleichsam in sie hineinlebt, immer mehr gefallen?

Erstens, weil das Beste überhaupt nicht an der Oberfläche liegt. So bewährt ja auch den rechten Mann nicht die Stunde im Salon, sondern die genaue Bekanntschaft; und es ist nicht wahr, dass der Held im Schlafrocke keiner mehr ist; — für den, der sehen kann, ist er es da erst recht.

Zweitens, weil ja aller Geschmack nichts anderes ist, als ein zu gewissen Empfänglichkeiten ausgebildetes Organ. Diese Ausbildung nun geschieht nur allmählich an den Gegenständen selbst. Das Große hebt uns, indem wir es öfters beschauen, zu sich empor; wir müssen erst wachsen, um in sein Antlitz sehen zu können.

Man versuche das Gesagte an Mayrhofers Gedichten, — und man wird nicht nur an Geschmack in der Poesie, sondern als Zugabe noch etwas anderes gewinnen.

Ein Dichter ist derjenige, welcher individuelle Zustände in ihrer ganzen Bedeutung aufzufassen und in ihrer ganzen Lebendigkeit darzustellen fähig ist.

[73]   Wie beneidenswert erscheint die Kunst des Dichters, der eine einfache, lebendige Wirkung gleichsam durch die *Tat* zu erzielen versteht, — dem unproduktiven Schriftsteller, der sie durch tausendfache Wendungen der *Gedanken* — nicht erzielt.

Alles, was man schreibt und spricht, um seine Überzeugung auszusprechen, zu verteidigen usw., erscheine es als Lehre, Konfession, Polemik oder sonst wie, ist und bleibt zuletzt doch nur — Manifestation der eigenen, geistigen Tätigkeit. Sie ist so gut Selbstzweck als die Bemühung, das ewig Unerforschliche zu erforschen. Wer einsehen gelernt hat, wie jede menschliche Überzeugung und Ansicht (in nicht positiv mathematischen Dingen) in dem Charakter des Menschen bedingt ist, gibt es auf, überzeugen oder umändern zu wollen. Er sucht nur, durch folgerichtige Ausbildung und Betätigung den eigenen zu vollenden.

Der Wert der Einzeldinge liegt zuletzt (in den Augen der Gottheit) nicht in dem, was sie für sich sind, sondern in dem, was sie hervorbringen, also in ihrem Bezuge zum Ganzen. Das bedenke man bei aller Beurteilung. Nicht, was der Mensch ist, — was er tut und schafft, gibt ihm seine Bedeutung; nicht, was ein Buch *sagt*, — vielmehr, was es aus sich entwickeln lässt, was es anregt. Das dramatische Werk ist erst vollendet, wenn es seine Wirkung aufs Publikum macht. Autor und Pub-[74]likum sind die nötigen Faktoren des Produktes. So das Bild, die Symphonie und alles. Prägnanz ist das Verdienst, dem die Natur, die es am vollkommensten besitzt, ihr *Brevet* erteilt.

Der Hauptkunstgriff des Schriftstellers, der Popularität erobern will, sei: Nicht weniger und nicht mehr Verstand an seine Motive und seinen Ausdruck zu wenden, als erforderlich ist, damit die lesende Menge sich in der Auffassung derselben selbst verständig vorkomme.

Der deutsche Schriftsteller gerät am liebsten in den Fehler, *für sich*, statt für ein Publikum, — oder für das einer Koterie, statt für das einer Nation zu schreiben. Ich fühle mich meist im ersten dieser Fälle. Ist der Schriftsteller oder die Nation daran schuld?

Lebhaften Naturellen setzt der langsame Mechanismus des Schreibens ein großes Hindernis in den Weg, in ihren Schriften Witz oder Gefühl zu entfalten. Wo ist schon der Flug der Gedanken, wenn die trägen Züge erst ihren Ansatz zum Auffliegen langsam hinmalen! Wo ist das Gefühl, wenn sie seine ersten Wallungen noch nicht zu Ende gezeichnet haben! Echte Humoristen sollen wenigstens Stenographen sein. Eine schlechte Feder vermehrt dieses Hindernis. Diese *petites misères* der Autorschaft könnten manchen Schriftstellern so gut zum Vorwande dienen als die Zensur.

[75] Wie ein Meister im Leben dem verständigen Schüler Vieles auch durch sein Schweigen sagt und lehrt, so liegt oft ein großer Teil des Wertes eines Buches in der weisen Zurückhaltung des Verfassers, in leisen Andeutungen, in dem, was vorausgesetzt wird, um manchmal ein sehr einfach lautendes Ergebnis auszusprechen. Aber diesen innern, verborgenen Wert eines Buches zu schätzen, zwischen den Zeilen in diesem Sinne zu lesen, vermögen nur Jene, die sich selbst mit der Aufgabe des Buches ernstlich und wiederholt bemüht haben.

Man lernt, je länger man lebt, denkt und selbst mitwirkt, desto mehr in der Literatur wie im Leben, dem Zuverlässigen, Gediegenen, das meistens in anspruchsloser Form liegt, den Vorzug geben vor dem Blendenden, das die Augen der Kinder und der Welt fesselt. Jenes sieht oft aus wie das Mittelmäßige, dieses ist es meist wirklich. Erst nach den Seiltänzervolten der modernen Dichter fühlt man den Wert Mayrhofens ganz; erst nach den labyrinthischen Irrwegen medizinischer Theoreme und Ansichten weiß der Arzt einen Gaub, einen Hartmann zu schätzen; erst die Absurditäten der glänzendsten Spekulation lehren — ich will nicht sagen einen Kant, den sie kaum je verdunkeln konnten, — aber die stillen Denker, auf die man vornehm herab zu sehen wähnt, einen Garve, Engel, Jerusalem, Mendelsohn usf. in ihrer Bedeutung anerkennen; und so lehrt auch das Leben auf seinen höchsten Entwicklungsstufen: Wie viel größer der besonnene [76] sittlich-rechtliche Mensch als der geniale ist. Und ohne Zweifel ist es die ehrwürdigste Erscheinung, wenn sich das Genie selbst zu dieser Anerkennung durch Wort und Werk, selbstverleugnend entschließt. Wäre es nötig, die großen Lichter der Geschichte für diesen Vorgang zu bezeichnen?

Bei der Klage über das Unmoralische dichterischer Werke wird die Unfähigkeit halb gebildeter Leser deutlich, solche Werke aufzufassen, und obendrein ihre sittliche Impotenz. Der Dichter wie das Leben sollen ihnen nur eben die gebratenen moralischen Tauben auf den Teller legen; wenn er sie, wie Goethe in den Wahlverwandtschaften, in eine Lage versetzt, wo es gilt, an das eigene Herz zu klopfen und die eigene sittliche Gesinnung zu erproben,— da ist es aus mit der Moral, die nur so lange herhält, als die Predigt dauert. Am behaglichsten ist's freilich, wenn sich gar die Predigt mit herrlichen Sprüchen bemüht, dem lieben Laster insgeheim zu schmeicheln.

Das *Gefühl*, das der wahre Dichter erregt, ist immer ein sittliches Gefühl. Ja wohl — sagt Ihr — im sittlich empfänglichen Menschen! ... Der Unsittliche — sage ich Euch — fühlt die Poesie gar nicht.

Das immer neue Publikum bemerkt nicht, dass das Alte immer neu wiederkommt. Die Sturm- und Drangperiode mit Lenz und Klinger, die romantische mit Schlegel [77] und Novalis, die formlos blasiert-renommistische mit Heine, und die ihr auf die Ferse getretene politisch-ignominiöse, etc. sind immer nur dasselbe junge Deutschland. Deutschland ist doch sehr oft jung! und sein Publikum auch. Und doch redet man immer von geschichtlichen Standpunkten!

Man muss nicht allzu hypochondrisch und griesgrämig dreinsehen, wenn es zeitweilig, in der literarischen wie in der politischen Geschichte, nicht so am Faden fortgeht, wie sich's der Professor wünscht. Hat uns nicht der ältere wie der neuere literarische Sansculottismus zum Teile eine gewisse Energie und Freiheit im Stile gegeben die man im älteren vermisst? Jugend ist eben immer in der Welt vorhanden, und mischt dieser das Ferment ihrer Torheit bei, damit sie nicht aus Gescheitheit den Geschmack verliere.

Zehn Jahre lang hat Deutschland eine Literatur gehabt; (oder auch da nur einen Ansatz dazu?) vom J. 1790-1800. Da war eine allgemeine, kräftige Regung selbstständigen Schaffens und Denkens, wovon die Hervorbringungen jener Epoche das unverkennbare Gepräge tragen. Was voranging und folgte, war vereinzelt oder ist unselbstständig.

Eine gewisse Dichterei der Modernen ist nur eine andere Art des Müßiggangs. Einige nennen's Schlafen, Andere Singen.

[78] Man sollte entweder ein Berufsgeschäft *neben* der Poesie haben, oder die Poesie muss Beruf sein, dann aber auch mit dem ganzen Ernst eines Geschäftes betrieben werden.

Ein nur in Deutschland heimisches Spezimen: Der phantastische Pedant.

Sie wollen Kunst und Wissenschaft genießen, kritisieren, benutzen, d. h. *unter* sich haben, nicht *hinauf*schauen und andere Leute werden. Da sitzt das Übel.

Nur immer neu, immer überraschend! Und was kann uns noch überraschen? Was ist neu? Gehört nicht ein Leben dazu, das Alte zu umfassen? Versucht es nur einmal mit Platon! Ihr werdet staunen, wie neu, wie überraschend er auf jedem Blatte ist.

Man müsste durchaus alles, was existiert, gelesen und alles gegenwärtig haben, um mit Beruhigung sagen zu können, dass das, was man sagt, wirklich neu ist. Wem fällt so was ein?! Also nur getrost — jeder auf seinem Standpunkte selbstständig und selbstdenkend! Zwar stets fortschreitend und sich ausdehnend, aber auch manchmal ausruhend und in sich zurückgehend! Neu ist, was irgendein Mensch wieder frisch denkt und empfindet und ausspricht, — wär' es auch nicht zum ersten Male. Kolumbus hat Amerika entdeckt, — und wenn auch andere vor ihm hinüber-[79]geschifft wären. Der Mensch weiß doch eigentlich nur, was er selbst denkt, nicht was er liest oder hört; und Schaffen ist das Abzeichen und Wesen seines Geistes, sein Prärogativ, die Bedingung seines Wertes.

Die Roman-Literatur, die aus einer gewissen französischen Schule hervorging, hat, bei vielem Guten, zwei Hauptgebrechen. Ästhetisch: Dass sie, über lauter Absichten, und seien es die löblichsten, das reine Wohlgefallen am Kunstwerke allmählich ganz vergessen lehrt; sittlich: Dass sie wissentlich oder unwissentlich Neid und Hass aufreget und unzufrieden mit der gesetzlichen Ordnung macht. Es gehört wenig Talent dazu, die Lücken und Mängel der letztern wahrzunehmen und pikant darzustellen, — aber viel Vernunft und Charakter, sich ihr mit Selbstverleugnung zu unterwerfen. Gefühl und Billigkeit haben Viele, Vernunft und Gerechtigkeit Wenige. Besonders lassen Frauen nur immer die Teilnahme sprechen, und erheben sich selten auf jenen Standpunkt einer höhern Übersicht, der ihnen kalt und rauh erscheint, Frauen aber lesen und verbreiten Romane; Frauen bestimmen den Geschmack für sie; — und was können die Verfasser Klügeres tun, als: Ihnen nach Gefallen zu dichten? So hängt das wechselseitig zusammen, — und wird wohl noch eine Weile so fortdauern!

„Nehmt einige Bogen Papier, und schreibt alles nieder, was euch durch den Kopf geht! Schreibt, was ihr [80] denkt, von euch selbst, von euren Weibern, vom Türkenkrieg, von Goethe usw.!" ... Wer kann übersehen, welche unerschöpfliche Quellen des Unsinns, der uns jetzt so vielfach überschwemmt, in diesem gutgemeinten Signale des guten Börne sich auftaten! Es war auf Ehrlichkeit und Selbstständigkeit des Denkens und Schreibens gemeint, auf Formlosigkeit und Anarchie hat man es gedeutet. So dachten die großgewordenen Schriftsteller größerer Zeiten nicht; sie schämten sich, vor ihrer Nation ohne Hosen zu erscheinen; sie hatten einen höhern Begriff vom Publikum und von ihrer eigenen Mission. Woraus gingen dann Werke hohen Stiles hervor, die als ewige Muster glänzen; werden sie auch aus der

Maxime dieses „Sichgehenlassens" hervorgehn? Sind die schon aus ihr hervorgegangenen Belege für sie?

Ihr wollt es besser machen als gut; ihr rennt am Ziele vorbei, und werdet, wenn ihr ermüdet stehen zu bleiben genötigt seid, mit lächelndem Staunen euren Irrtum gewahren. Alles soll neu, unerhört, pikant sein und Wirkung machen. Das Wahre aber ist nun einmal alt, das Unerhörte selten probehältig, das Pikante stumpft sich selbst ab, — nur das Natürliche sichert eine ewig lebendige Wirkung. Alles Prahlen mit überschwänglicher Kraft deutet auf Schwäche. Dies ist die Poltronerie in der Literatur. Der wahre Beweis innerer Kraft ist Ruhe, der Beweis der Einsicht: Anerkennung fremder Ansichten.

[81]   Je mehr die unbedingte, dilettierende, schwätzende Schriftstellerei sich ausbreitet, desto sicherer bereitet sie sich selbst den Untergang. Die Bildung wird immer allgemeiner; Ansichten hat Jedermann; aussprechen kann sie Jedermann; die Presse dient Jedermann. Die Zahl der Schreibenden wird, täglich wachsend, viel zu groß, als dass man den Einzelnen noch bemerken könnte; die Literatur wird zum gedruckten Gespräch. Endlich sieht man ein, dass der bleibende Ruhm nur Jenen gebührt, die da *lehren* und *schaffen* (Lehrer und Entdecker in der Wissenschaft, produktive Talente in der Dichtkunst). Diese allein ragen als Individuen aus der Gesamtbildung der Menschheit hervor, und bleiben ewig in der Geschichte. Alles andere ist Geschwätz und gehört dem Tage.

Wie überhaupt die Geschichte nachweist, dass die Extension der Bildung vorläufig auf Kosten der Intension fortgeschritten sei, so bietet namentlich die Buchdruckerei zu bedeutenden Betrachtungen Anlass. *Seit* die Produkte der Geister *Ware* geworden sind, haben ihre Grundstoffe sich dem größern Teile der Menschheit assimiliert; dadurch aber, dass sie *Ware* geworden sind, hat die ganze Stellung des Wissens zum Leben sich unberechenbar verändert. Man denke, wie sich Platon zu seiner Zeit verhielt und wie die Philosophen (oder gar die sogenannten Belletristen) unserer Journale zur unserigen.

[82]   Die alten, großen Dichter schufen, ohne viel zu *warten*; sie schufen Werke, die einer unendlichen Analyse fähig sind. Die modernen, kleinen, wenden einen ungeheuren Maschinen-Apparat, mit Schrauben, Rädern und Dampf der Reflexion, als Hebel an, um — ein morsches Bret in die Höhe zu bringen. Die dramatischen Wunder gewisser neuer Poeten, nach Vorwor-

ten und Kritiken, dem Bewusstsein der philosophischen, historischen, christlichen, germanischen, europäischen, politischen, industriellen, sozialen, kommunistischen, und Gott weiß, was noch für welchen Entwickelungen entsprossen, — welche Zustände stellen sie dar? Weit eingeschränktere als der bemitleidete Iffland darstellte. Wie stellen sie sie dar? Weit unpraktischer als sie der verachtete Kotzebue darstellte. Sie zeigen so recht, wie wenig ihre Verfasser den eigentlichen Ernst des Lebens, wie noch weniger sie die freie Höhe der Poesie ahnen, — wie wenig sie beiden gewachsen sind.

Dichter, welche sich in Sentenzen und Betrachtungen zu ergehen lieben, haben meist ein reicheres, inneres Leben, aber nicht die Kraft, es zu gestalten.

Der Dichter ist auf die möglichst erreichbare Kongruenz des Ausdrucks mit dem Ausgedrückten angewiesen. Lyrik ist fast nichts anderes. Wem hierfür der Sinn fehlt, wird weder Dichter werden, noch echte Dichter goutieren … „Als Taten lächeln die Gedanken. Und Mühe glänzt als Lust"… „Die Flut, mit kühler Zunge, leckt die Räder, [83] tätig eilend"… „Die Frucht, die Gold und flüssiger Purpur streift"… „Da schauet mit den Flammenlocken erbarmend Helios herab"… usw. (Mayrhofer). Das sind die geheimen Kennzeichen, wodurch sich Dichter und die Ihren verstehen. Die Alten haben sie in jedem Verse.

Der Realismus der Alten war ein naiver, reiner, der moderne ist ein selbstsüchtiger; der moderne Idealismus ist ein negativer, sehnsüchtiger, der antike war ein reeller, produktiver.

Wenn man gegen die antike Welt und die heutige gerecht sein will, muss man bedenken, welche Hebel das Leben der erstern bewegten: Ruhm (auch Nachruhm) mit der Naivität des Glaubens, großes Beispiel, Anerkennung auch des Heterogensten nebeneinander (Aristophanes, Sokrates), engere, städtisch patriotische Bindung. Man muss überlegen, welche Motive Religionen, Handel, Industrie, Typographie usw. genommen und hinzugefügt haben.

Wer es weiß, wie die Griechen und Römer in dem Vortrage jedes Gegenstandes eine Kunstaufgabe sahen, und in diesem, ihnen ganz eigenen Sinne, alle, auch die scheinbar ungünstigsten Materien, mit dem ganzen Komplex der menschlichen Geistesvermögen behandelten, der versteht (fühlt) den ganzen, großen Unterschied zwischen der antiken und neuen

Literatur. Man würde dies aber sehr missverstehen, wenn man hier bloß an einen rhetorischen Schmuck, an [84] das leidige „schön schreiben" dächte; das verstehen wir leider besser als Jene.

Was könnte man als Schriftsteller leisten, wenn man nicht — nur zu oft! — leichtsinnig schriebe! Wenn man jede Konzeption, sei es eines Werkes, sei es eines einzelnen Satzes, ganz und organisch durchzubilden, jedes Wort zu vollenden, sich zur Pflicht machte, sich die Zeit nähme! Wenn man alle Gedanken, die man denkt, wirklich und gehörig ausspräche!

In gewissen, für systematisch geltenden Köpfen herrscht jene Ordnung, welche einer meiner Freunde seiner Frau vorwarf, die auf seinem Schreibtische aufräumte, ohne zu wissen, was zusammengehörte. Da ist — sagte er — Alles hübsch zusammen separiert und auseinander gesammelt.

Durch literarische Vereine wird stets nur der Mittelmäßige und die Mittelmäßigkeit poussiert; kleine Talente machen sich geltend und wirken auf den Augenblick im Kotteriesinne.

Wann werden Verlags-Buchhändler einsehen, dass sie sich irren, wenn sie ihr merkantiles Interesse von dem der Literatur trennen? Dass, je tiefer die letztere deterioriert wird, desto tiefer auch der Buchhandel in Verfall gerät? Dass ein honettes Publikum das Schlechte nicht, ein verderbtes endlich gar nicht mehr kauft? ... Wenn die Men-[85]schen überhaupt einsehen werden, dass der Vorteil des Ganzen immer auch der höchste und sicherste jedes Einzelnen ist.

Man sieht und bedauert an den besseren modernen Büchern wie Bildungen, dass sie *übersudelt* sind. Wie vieles Gute, eigener Entwickelung fähig, liegt im Keime in ihnen, und kann nur, überschüttet vom Wuste des Fremden, überjagt vom Triebe nach Zwecken, nicht zu sich selbst kommen! An Menschen mache ich diese Bemerkung so oft; neulich machte ich sie wieder an Rosenkranzens Psychologie.

On oublit – sagt Bonald in seinen Betrachtungen – *ce qu'on sait, et jamais ce qu'on sent.* Und – frage ich dazu: *Ce qu'on pense?*

Jeder wahre Gedanke trägt das Universum in sich, und *keiner* spricht es aus.

Jeder Betrachtende glaubt sich im Mittelpunkte, und alle Betrachtungsweisen anderer erscheinen ihm als Radien, die zu seinem Zentrum führen. Wenn nur Jeder dieses wüsste und bedächte, so möchte es immerhin dabei bleiben!

Der *Kettenträger*. Roman 1796. ... Die unfruchtbare Dialektik über Freiheit oder Nicht-Freiheit ist es nicht, worauf es ankommt. Sie hängt auch mit der [86] Hauptsache nicht so zusammen, als es vielleicht dem Verfasser selbst schien. Überhaupt ist die Erscheinung nicht selten, dass denkende Menschen ihre Gesinnung mit ihrem Gedankengange selbst verwechseln. (Spinoza? Selbst Kant?) Der Kern ist: Dass dem Menschen jedes Hilfsmittel, jede Krücke genommen, ja der Boden unter seinen Füßen weggezogen werde, dass er somit rein auf sich selbst reduziert sei. Die ganze Energie dieser Denkart zu begreifen, dazu wird genauere Bekanntschaft mit dem Ernste des Lebens gefordert, als sie den Meisten eigen ist. ... Merkwürdiges Buch in Erfindung, Behandlung, Vortrag.

Es lässt sich nachweisen, dass *Paracelsus* einen guten Teil seiner wiederaufgelebten Beliebtheit den Vorstellungen zu danken hat, die durch Goethes Faust in die Gemüter gekommen sind.

Die Lesenden wollen zuletzt doch nur gehätschelt sein; und, genau besehen, hat der Dichter, der gefallen will, die Aufgabe, den gemeinen Empfindungen schöne Worte zu leihen. (Sentimentalität, Schadenfreude, etc.) Von meinen Schriften bemerkte ich, dass diejenige Beifall fand (zur Diätetik der Seele), welche der menschlichen Schwäche schmeichelt. Die, welche stutzig gemacht werden *wollen*, welche man korrigieren oder erheben *darf*, sind schon selten und ausgezeichnete Leser.

[87] Wer Alles in sich zu fassen strebt, muss indifferent und oberflächlich erscheinen; wer hervorragen will, muss einseitig sein.

Hat das *Wort* nicht fast zu viel Intelligenz in sich, um recht eigentlich Stoff und Organ für eine Kunst (Poesie) zu sein? Ja, wenn wir, wie die Griechen verstünden, es ganz eigentlich zu *verkörpern*, in *Gestalt* zu verwandeln! Wer innig fühlt, was *Kunst* ist und soll, möchte gewiss lieber meißeln oder malen als Verse drechseln. Man mag nicht *schwätzen*, man möchte bilden, *schaffen*.

Ein scharfer und fester Blick auf Leben und Wissen in der Epoche, in welcher wir jetzt leben, offenbart besonders zwei Zustände. Im Leben kommen mehr als je alle Fragen, die sonst Prärogativ der Wissenschaft und Gelehrsamkeit waren, zur Sprache und werden lebhaft diskutiert; im Wissen häuft sich der Stoff, geistiger wie empirischer, ins Ungeheure und ist kaum mehr zu übersehen. In ersterer Beziehung hört man mit Vergnügen in allen Kreisen der feinen wie der mehr kordialen Konversation, die für die Gesellschaft wie für den Einzelnen wichtigsten Punkte ventilieren, muss aber nur zu oft mit Missvergnügen bemerken, dass ein gesetz- und richtungsloses Hin- und Widerreden den Knoten nur immer fester schürzt und zu keinem Ziele führt. Es ist ein peinigendes Gefühl für den Denkenden und unbefangenen Hörer, bemerken zu müssen, wie oft zwei rechtliche, verständige, selbst über die *Sache*, welche sie [88] verhandeln, wohlunterrichtete Menschen sich vergebens abmühen, einander verständlich zu werden, und — nicht Recht zu haben, sondern das Rechte zu finden. Was die Wissenschaft betrifft, so wird durch das sich in ihr häufende Detail und die sich immer vermehrenden neuen Ansichten, die auf die vorhandenen keine Rücksicht nehmen, das Chaos immer größer statt sich zu lichten, und eine zweite babylonische Epoche steht uns bevor.

Wie ist nun diesen beiden Übelständen, im Interesse des Fortschreitens der Menschheit abzuhelfen? Einzig dadurch, dass man eine einfache, in sich geschlossene, leicht zu überliefernde, das Erfahren, Denken und Sprechen erst zu ihren Zwecken führende, aber leider von den Philosophen der neuesten Zeit, zu ihrem eigenen Nachteil, vornehm vernachlässigte Wissenschaft wieder zu Ehren bringe. Und diese Wissenschaft heißt: *Logik*. Die vielen *Was*, um welche man im Leben fruchtlos herumdisputiert, werden sich alsbald an die rechte Stelle setzen, wenn man weiß, wie man zu disputieren hat, und dieses Wie lehrt die Logik. Die Details des Wissens, die Dunkelheiten der Probleme werden sich lichten, wenn man jene zu ordnen, wenn man diese gehörig festzustellen weiß; und dieses Ordnen, dieses Feststellen lehrt die Logik. Was vor ihrem Richterstuhle nicht bestehen kann, ist, für den menschlichen Gebrauch, verwerflich, — und was fürchten muss, verwerflich befunden zu werden, sucht ihren Richterstuhl zu verdächtigen. Schmeichle sich niemand mit einem Wahne schrankenloser Erkenntnis! „Das Absurde ist schrankenlos, die Wahrheit hat Grenzen" — ist das Wort eines tiefblickenden Mannes. Unsere Zeit [89] sucht das Ziel zu *hoch*; nicht im unendlich Fernen, nicht im unendlich Leeren liegt es; es liegt in unsern eigenen Kräften; aber kennen müssen wir diese Kräfte, und üben müssen wir sie, und diese Kenntnis, diese Übung gibt die Logik. Was nützt der kraftvollste Schlag, wenn er den Kopf des Nagels nicht trifft? Und darum wiederhole ich: In der Logik liegt unser Heil.

Man schreit über Formalismus, über eine pedantische, unpopuläre, mühsame Vorbereitung für praktische Zwecke! Warum beklagt sich denn niemand über die Rechenkunst? Rechnen ist auch mühsam zu lernen, ist auch mechanisch, ist auch ein Formalismus, und doch muss man es lernen, um im Leben praktisch fortzukommen, und jeder dankt den Erziehern, die es ihn lehrten. Logik ist auch ein Rechnen; nur mit Begriffen statt mit Zahlen; nur viel interessanter in sich selbst, nur viel umfassender in der Anwendung. Sie ist ihrer Natur nach Formalismus und kann und soll nichts anderes sein. Populär kann sie nur durch verständlichen Vortrag und durch Beispiele werden.

Das vergesse man nie: Das *Denken* lehrt die Logik nicht; wir denken, indem wir sie lernen, indem wir (auch unlogisch) disputieren usf.; aber die *Gesetze* des Denkens lehrt sie, und diese geben unserem Denken Selbstbewusstsein, unserem Lernen Halt, unsern Fragen Sinn, und unsern Disputen eine letzte Instanz, deren wir so dringend bedürfen.

[91] *Kunst.*

[93]   Unsere Zeit hat die Naivität verloren. Naivität aber ist die Grundlage aller Kunst, — sowohl zum Hervorbringen als zum Genießen.

„Die Zeit der Kunst ist vorüber. Unsere Zeit macht andere Forderungen; und dem Künstler bleibt nichts übrig, als, indem er diese Forderungen befriedigt, die Kunst gleichsam nebenbei einzuschwärzen…" Ist der Vordersatz wahr, so ist es die Folgerung nicht. Die Kunst kann sich keinen, ihr fremden Forderungen bequemen, und wer es ihr und der Zeit zugleich recht machen will, wird es mit beiden verderben. Es bleibt also dem Künstler nichts übrig, als: Die Zeit (d. h. den Beifall) oder die Kunst (d. h. die Produktion) aufzugeben oder zu suspendieren.

Der Künstler, der bloß die Natur nachahmt, hat vor dem, der aus dem Gedanken heraus operiert, allerdings noch immer den Vorteil voraus, dass er die Gedanken der Natur gleichsam mit in den Kauf erhält. Freilich aber besteht eben das Eigentliche der Kunst darin, dass sie Gedanken des *Menschen* verkörpert und diesen Stempel den Objekten der Natur aufprägt!

[94]   Man muss nicht vergessen, dass in der Ästhetik „das Natürliche" nicht „das bare Wirkliche", sondern „das in der Möglichkeit Wahre", d. h. den Gesetzen der Natur und des Geistes Gemäße (nicht Widersprechende) zu bedeuten hat.

Der große Stil der Alten besteht darin: *Bloß* das Wesentliche, aber auch *alles* Wesentliche zu bringen. (Sophokles Tragöd.) Das gibt ihren Werken das Gepräge der Naturnotwendigkeit, und, bei aller Individualität, jene symbolische Allgemeinheit, welche, wohlverstanden, das *Ideale* ausmacht.

„Ich schreibe dir weitläufig, weil ich nicht Zeit habe, mich kurz zu fassen." Wie viel mehr fordert es, ein reiches Detail zu besiegen, als seine Armut mit hundert Lappen zu behängen!

Objektivität soll nie was anderes bedeuten, als: Das Vermögen, die Objekte rein aufzufassen; so wie Subjektivität: Die Eigenschaft, stets etwas von unserem Subjekte in sie hineinzutragen. Sei es im wissenschaftlichen Forschen, künstlerischen Darstellen oder lebendigen Verkehr. Der Idealismus und Skeptizismus begünstigen die Subjektivität, indem sie davon durchdrungen sind: Dass es keine Wahrheit als unsere innere Konsequenz gebe, und dass wir ewig nichts ergreifen und darstellen können als uns. Ein freierer Blick aber überzeugt uns bald: Dass gerade in der Gabe, das All abzuspiegeln und auszusprechen, der Rang und die Herrlichkeit des Menschen vor allen Kreaturen be-[95]gründet sei. Je höher man sich ausbildet, desto mehr bemerkt man an sich selbst, wie man lernt, gegen alle Dinge gerecht zu sein, und auch sich als Teil eines Ganzen zu begreifen. Das Letzte, wozu der Denker gelangt. Die freie Resignation (*amor Dei intellectualis* des Spinoza) ist der Triumph der Objektivität. Wer möchte solche Palmen für die schnöde Anbetung seines Subjekts, zum Frone des Egoismus, hinopfern?

Es zweifelt also kaum ein Vernünftiger, auf welcher Seite das Rechte sei. Wenn ich aber in einem Aufsatze (über lyr. Dichtkst.) das Subjektive in Schutz nahm, so hatte ich dazu meine Gründe in Zeitverhältnissen. Ein inhaltloses Ergötzen am Konterfeien äußerlicher Dinge ist, wo möglich, noch fruchtloser, als die ewige Wiederholung unserer selbst: Und wird unser Inneres nur beharrlich gebildet und geläutert, *so tritt endlich von selbst jene Harmonie von Geist und Welt, von Subjekt und Objekt ein, welche das Höchste ist.*

Darin muss man, glaub' ich, einig sein: Dass eine neue Kunst nur vom Individuellen und Charakteristischen anfangen könne. Die *notwendigen* Geburtswehen sind niemals zu vermeiden, und müssen ertragen werden. Ob *alle* Bestrebungen einer angeregten Nation oder Menschheit (in Wissen, Taten usf.) in einer *Kunst* endigen?

[96] Der Dichter wirkt, z. B. im Lustspiele, sittlich, nicht nur insofern er sittliche Charaktere und Verhältnisse hinstellt, oder, indem er positiv sittliche Maximen ausspricht, oder — als Dichter überhaupt — insofern alle Dichtung durch Gemütserhebung die sittliche Kapazität erweitert, — sondern auch, indem er das Menschliche in seiner Schwäche genetisch begreifen, also mit Billigkeit ansehen lehrt; worin die Humanität besteht.

Der Dichter veredelt die Menschen gleichsam durch eine Hinterlist. Er scheint ihren Neigungen zu schmeicheln, und reinigt sie.

Der Dichter verrät, auch der objektivste, die Stufe und Art seiner eigenen Bildung; teils durch das, was er sagen lässt, teils durch das, was er darstellt, — denn so erscheint ihm die Welt.

Der Roman ist eine poetische Form. Er soll also vorzugsweise dasjenige darstellen, was durch die Mittel, welche dieser Form zukommen, besser dargestellt werden kann, als durch die jeder andern. Man kann sagen: Die

Lyrik *drückt aus*, das Drama *vergegenwärtigt*, der Roman *erzählt*. Nun sind aber *Zustände* am besten auszudrücken, *Handlungen* zu vergegenwärtigen, *Begebenheiten* zu erzählen. An Zuständen interessiert uns am meisten das *Individuum*, das sie erlebt, an Handlungen die *Cha-[97]raktere*, in welchen sie begründet sind, an Begebenheiten *diese* selbst in ihrer tiefern Bedeutung. So beiläufig sehe ich diese Dinge, und das ist *in nuce* meine Theorie. Mag sich übrigens der Dichter in *jedem* Bezirk *jedes* Stoffes bemächtigen, der ihm beliebt: Wenn er sich dessen nur wahrhaft bemächtigt. In der Poesie ist die Behandlung alles. Es gibt hierin unglaubliche Beispiele. Salvandy bewältigt die Geschichte selbst, und lässt sie, wie sie ist; Goethe bringt im Drama das innere menschliche Leben, fast ohne das, was man Handlung nennt; Raphael macht das reinste Bild aus dem unflätigsten Gegenstande (Vulk. und Pallas).

Der Dichter leistet etwas Ideales, und dieses kann nicht real taxiert werden; in *dem* Zustande nämlich, in welchem die Staaten bis jetzt sind. Doch ist es ein ähnlicher Fall mit dem Priester. In einem vollkommenen Staate müsste freilich auch *dafür* gesorgt sein, dass das echte Genie in jeder seiner Bestrebungen durch äußere Sicherstellung gefördert würde. Denn ohne Behagen keine Produktion. Freilich, wer bestimmt, wo echtes Genie sei? Und gar poetisches? Jede andere Kunst hat eine bestimmtere Sphäre *in praxi*; die Dichtkunst fließt mit der Bildung *überhaupt* zusammen, und gewährt dem Dilettantismus am meisten Spielraum. Im Ganzen bleibt es wohl beim besten Rat: Der Dichter suche mit der Welt, wie er kann, fertig zu werden. (Verse machen ist das elendeste Handwerk. Solchen Lumpen soll der Staat für den Müßiggang zahlen?)

[98] Der sogenannte gemeine Verstand und die höchste Ausbildung führen, obzwar mit verschiedenen Mitteln, zu denselben Endurteilen. In der Mitte zwischen beiden liegen alle Grade des Halben und Verkehrten, woran die Welt leidet, alle die wechselnden Geschmäcke und Torheiten der Mode und der Einseitigkeit.

Über Kunstwerke ist, was das *Wesentliche* betrifft, alles Reden und Streiten zuletzt ein Gezänk *de lana caprina*, ins Blaue hinein. Wohl lässt sich über ein Rechnungsexempel (so auch über die Komposition eines gegebenen Kunststoffes) zu einem Urteile gelangen; aber *Wahrheit* und *Schönheit*, die Grundlage und die Vollendung, wollen empfunden sein; und was hilft es, wenn ich entzückt ausrufe: Welch' liebliches Grün! und mein Nachbar sagt kopfschüttelnd: Bester, das ist ja gelb!? — *Darüber* muss man sich zuerst verstanden haben, ehe man streitet. Mein Nachbar findet Bilder und Ausdrücke eines Dichters treffend, die ich abgeschmackt finde; und bleibt kalt bei dem, was mir die höchste Schönheit ist. Was hilft es da, uns theoretisch abzuquälen? Wir werden einander nie überzeugen.

Man gefällt sich am besten in dem, was man nicht völlig kann. Hier liegt etwas Höheres zu Grunde. Man hat den Instinkt-Trieb, es völlig bewältigen zu wollen, was man durch beharrliche Übung können wird.

[99]   Der reichhaltigste Stoff zu allen Tragödien und Komödien und tragikomischen Romanen, — das ewiges Thema bleibt wohl: Das Verhältnis des klaren Menschen in der Welt zu der Borniertheit und dem Egoismus der übrigen!

Das Porträt macht insofern die Grundlage der Historien-Malerei, als wahre und charakteristische Köpfe für sie unentbehrlich sind. Jeder Künstler fängt doch von *der* Welt an, in der er lebt. Die *Wahrheit* kann äußerlich sein oder innerlich. Die *Charakteristik* wohlwollend oder misswollend (Karikatur). Die sogenannte *Verschönerung*. Elegant oder ideal. Das Idealisieren trifft die *Intention*, die in jedem Individuum liegt, nur durch die Verhältnisse getrübt ist. Die Menschen sind gleichsam nicht sie *selbst*. Und so konnte Aristoteles einen Maler tadeln, „dass er die Menschen darstelle, *wie sie sind*". Der echte Porträtmaler stellt das *Individuum* hin, wie es in seinem *besten* Momente, wenn es sich *unbeachtet* glaubt, erscheint. Ohne Ostentation, nicht dem malerischen Effekte geopfert.

Die Natur hat kein System. Wo der Mensch eines aus ihrem Stoffe bildet, da wendet er die Organisation seines angebornen Denkvermögens auf sie an. Zeigt diese Anwendung Übereinstimmung, so ist die möglichste Objektivität erreicht. Man kann aber nicht einmal überhaupt sagen, dass die Natur dem Geiste gesetzlich entspreche; [100] dies ist nur *teilweise* der Fall; den sittlichen Postulaten entspricht sie z. B. nicht; und was der Geist sonst von der Natur aussagt, sagt er, seinen Organen gemäß — aus; hierin bleibt immer der Idealismus im Rechte. Es muss also heißen: Der menschliche Geist ist geeignet, einen Leitfaden für die ihm *zugängliche* Sphäre der Natur aufzufinden.

Ödipus in Theben, das Vorbild von sogenannten Schicksalstragödien? Glaubt Ihr, dass *Sophokles* das Wort seines großen Vorgängers: „Wer tat, muss leiden" — nicht verstanden habe? Der Dichter schreibt das „Rätsel des Lebens" hin, wie er's von der Rolle der Muse herabliest. Wie Ihr es löst, kümmert ihn nicht. — War nicht Ödip's unselige Hast, die blinde, stets dem Gedanken voreilende Tat, sein Schicksal? Hätte das Orakel sich erfüllt, wenn er im entscheidenden Momente, „da, wo die Wege sich teilen", besonnen gewesen wäre? Ist nicht vom Dichter überall, in jedem Zuge, sein Schicksal zum Voraus — in seinem Charakter gezeichnet? Sagt es ihm nicht Kreon selbst: „Ein Herz, wie Dein's, ist seine Rache selber?" Haben seine Eltern nicht dadurch den Schicksalsspruch erfüllt, — dass sie ihn glaubten? Hätten sie, statt es im Gebirge auszusetzen, ihr Kind zu müßigem Wollen erzogen, so wäre er nie eingetroffen. So lässt sich, wenn moralisiert werden muss, mit offenbar besserem Rechte moralisieren. Und ist die Sühnung in Kolonos nicht die beste Darstellung der Müde eines von heftigen Stürmen erschütterten, der Ruhe eines durch Einsicht endlich geläuterten Charakters?

[101] *Wieland*, der unnachahmliche, der Berlin, Paris und Athen in sich repräsentiert, drückt in seinen trefflichen Noten zum Horaz, seinen Wert als Erklärer selbst am besten aus. „Ein Dichter — sagt er — ist vielleicht glücklicher, einen andern Dichter zu erraten, als Kunstrichter, die so voll Metaphysik der Kunst sind, dass alle *Konkreta* des Dichters durch eine Operation, die ihnen mechanisch geworden ist, sich in ihrem Kopfe in *Abstrakta* verwandeln."

Goethe! Was würdest du zu dem Unheil sagen, das du unabsichtlich angerichtet! Welche Nichtigkeit, welche Verkehrtheit unter deinen Verehrern! Welche Rohheit unter deinen Gegnern! Kann denn dieses Volk nie seine Meister erkennen?

Statt *Goethes* Gegner durch Verse und Deklamationen zu bekämpfen oder ihnen durch leere Elogen Goethes in die Hände zu arbeiten, scheint es nützlicher, nachzuforschen, was einer solchen Polemik zu Grunde liegen mag. Abgesehen von den allgemeinern, in Zeit- und Volksverhältnissen wurzelnden Motiven, habe ich bei unbefangener, wiederholter, sorgfältiger, vergleichender Beobachtung Folgendes zu weiterem Nachdenken anregend bemerkt:

Gegner Goethes sind:

1) Rohe Menschen, die sich, ihm gegenüber, wie in feiner Gesellschaft, geniert und gewissermaßen beschämt fühlen.

2) Einseitige, Bornierte, denen seine Universalität ihre Beschränktheit fühlbar macht, oder als Charakterlosigkeit, wohl auch Oberflächlichkeit erscheint. [102]

3) Oberflächliche, die in seinen Werken zu wenig Unterhaltung finden.

4) Junge *soi-disants* Genies, denen die Ironie, mit welcher er auf seine eigene, jugendliche Genie-Epoche lächelnd zurücksah, als Pedantismus und als Verneinung ihres Wertes erscheint.

5) Literaten, welche, um originell zu sein, das Absurde behaupten, oder, um selbst bedeutend zu werden, das Große kleiner gemacht wünschen.

6) Frömmler, denen weniger seine freie, helle Denkart ein Ärgernis ist, als die Züge einer tiefen, geistvollen Religiosität, die der ihrigen zum Nachteile sprechen.

7) Streng sittliche und rechtliche Menschen, die in seiner, alles gelten lassenden Objektivität eine allzu weite Toleranz, eine Verführung zum Indifferentismus sehen. Hierher sind auch Frauen zu zählen, die sich durch Darstellung einzelner laxer Verhältnisse verletzt und für immer abgeschreckt fühlen.

8) Sehr systematische, logische Köpfe, denen die poetisch-skeptische Allgemeinheit, mit welcher Goethe wissenschaftliche Probleme behandelt, missfällt; hierzu kommt, dass er an mehreren Orten die Mathematiker und Fachgelehrte direkt angreift.

9) Freisinnige patriotisch- (meist edel-)denkende Männer, welche sich gewöhnt haben, den politischen Standpunkt als den einzig wichtigen und rechten zu betrachten und Jene, die es nicht so halten, für Frevler zu erklären. Hierzu kommt der Umstand, dass Goethe Minister eines deutschen Hofes war und die Anekdötchen von seinem Aristokratismus.

[103] In diese Klassen und ihre Kombinationen dürften sich so ziemlich die meisten von Goethes heftigen Tadlern bringen lassen. Diejenigen, welche nicht Bildung genug haben, überhaupt ein Urteil von Goethe zu fällen, oder welche sich der Meinung anderer aus Parteisucht oder blindlings der Mode anschließen, kann man nicht als *Gegner* Goethes bezeichnen.

Man begreift leicht, wie *Goethe* für so Viele, z, B. für Rahel eine Art Orakelkoran werden konnte. Er hat in einem langen Leben alles konkret und rein aufgefasst; nach und nach erlebt Jeder das Einzelne davon, findet sich erstaunt an irgend einer Stelle mit seinem Gefühle wieder, und möchte rufen: „Wie? Auch das kennt er?"— Denn es war immer ein Hauptbestreben Goethes, auch das Widersprechendste an irgendeinem Orte gelten zu lassen.

Als *Goethe* sang: „Nur die Lumpe sind bescheiden" (welch' ein Losungswort für so viele Ehrliche!), wusste er noch nicht, dass er bald der ärgste Lump werden würde. Denn wer war bescheidener, behutsamer, unentscheidender in seinen Äußerungen, als Goethe, der graugewordene?

Was, im moralischen Sinne, Lessing von seinem Nathan sagen durfte: „Einem Volke, das dieses Stück liebt, sei Glück zu wünschen" — dasselbe darf, in demselben [104] Sinne, *Grillparzer* vom „treuen Diener seines Herrn" negativ wenden und kühn sagen: „Ein Volk, dem dieses Stück missfällt, das es belächeln kann, ist zu beklagen." Denn es ist ein entartetes Volk, ein Volk, das die ewige Regel der Völker verloren hat.

Molière, Misanthrop. Handlung, ganz aus dem Konflikte der Charaktere. Kein Monolog im ganzen Stücke. Kein Charakter ändert sich; was nicht zusammengehört, scheidet sich durch die Katastrophe aus, wie bei einem chemischen Prozesse. Das ist der echte Menschenfeind; eine Stufe niedriger, wie bei Kotzebue u. dgl. — ist man ein Narr; eine Stufe höher, wo man verzweifelt, ist man kein Menschenfeind mehr. Dass alle Frauenzimmer sich in Alcest verlieben, ist ein guter Zug. Er ist der Mann. Die Kritik über Orontes Verse (I. 2.) passt immer. Immer Natur und Gefühl des Wahren den poetischen Schulen und Moden gegenüber.

Von *Novalis* kann man sagen: Er denke mit der Fantasie und fühle mit dem Kopfe.

Lenau, Savonarola. Der Eingang, einfach, eigentümlich, lässt das Beste erwarten. Bald aber zeigt sich, dass dem Dichter der Begriff von einer „Erzählung" gänzlich abgeht. Auch der Charakter des Helden erklärt sich nicht. Die Teilnahme wird teils vorausgesetzt, teils [105] gefordert, nie erregt. Ein tieferes Eingehen auf Geschichte und angedeutete Zeitansichten zeigt sich nirgends. Ein gewisser intoleranter, mönchischer Wandalismus wird dem heitern Leser, zumal dem, der Kunst und Leben liebt, unangenehm. Das lyrische Gezwitscher von Blüten, Quellen, Büschen usf. in den ernstesten Momenten wird dem gefühlvollen Leser wahrhaft ärgerlich. Doch liegen in dieser Sphäre die Schönheiten des Gedichtes.

[107] *Leben*.

[109]　In das „Nach dem Leben" lässt sich alles hineinphilosophieren: Das Rätsel liegt im „Zuvor" — wodurch erst Jenes Halt gewänne. Wie durch die willkürliche Begattung zweier Individuen, die jetzt geschehen kann, jetzt nicht, — ein Ich seine Entwicklung in dem, was wir Zeit nennen, beginne, — was es mit der Monas in allen vorigen Zeiten für ein Bewandtnis gehabt, — da sitzt es. Die Erinnerung kommt eben erst in *diesem* Leben zur Entfaltung. Freilich! Und die immer wachsende Zahl der Ichs, — ihre fortschreitende Bildung, — die sterben müssenden Kinder, — die Blöden, die Wahnsinnigen, — hier heißt es untertauchen in die Nacht der Unendlichkeit, oder festhalten am Strahl des Glaubens: Wir *sind* nun einmal; das ist klar, und ist alles, für uns: Mögen wir zusehen, wie wir zu beharren, was wir aus uns zu gestalten vermögen!

Das *Werden* ist und bleibt die Nuss der Philosophie. Was hat sich in uns verwandelt? (Individuation, Beseelung.)

　　Wenn ich betrachte, was ich geschrieben habe, so erstaune ich jedes Mal zu sehen: Wie wenig ich im Stande war, mich selbst aufs Papier zu bringen. Es geht wohl jedem so; bei mir kommt die allgemeine, und meine be-[110]sondere Unfähigkeit, das Geistige auszusprechen, und eine gewisse hypochondrische Unlust, die, indem sie mir das Vergebliche vorhält, jene Unfähigkeit noch steigert, zusammen.

　　Vorstellungsweisen — und was ist unser Wissen mehr? — können nicht wertgebend sein. In unseres Vaters Hause sind viele Wohnungen. Es kommt nicht darauf an, welche wir bezieh'n, sondern was wir d'rin tun, — und nebenbei, wie wir uns mit unseren Nachbarn vertragen.

　　Wie viele Namen, Zahlen, Ansichten, Ausdrücke, ja ganze Systeme beherbergt der Kopf eines sogenannten gebildeten Menschen! Welche Masse von Wissen haben Bücher und geselliger Verkehr ihm überliefert! ... Und, wenn nun die Stunde der Prüfung, der echten, unbestechlichen Selbst- und Lebensprüfung, kommt — wie wenig von all jenem besteht! Wie wenig kann er *sein* nennen, so dass es ihm frei, völlig und bleibend zu Gebote steht! — Da zeigt es sich, dass nur das Leben, und was man selbst daran entwickelt, wahrhaft fördert.

Das größte und unschätzbarste Gut des Menschen besteht doch zuletzt im Besitze und Gefühle seiner *selbst*. Wer es, auch nur für kurze Zeit, vermisst, und sodann wieder gewonnen hat, — nur der kennt seinen ganzen Wert, und wird mit allen Kräften seines Daseins ringen, es nie zu verlieren. Kein Wissen, kein Glauben, keine äußere Macht, [111] keine Geltung, keine Verbindung, keine Illusion kann es ersetzen, keine Verkennung kann es rauben. Der es in sich hat, nimmt es mit sich in alle ferneren Bestimmungen seines Daseins hinüber; er ist für sie reif, wie er es für die jetzige war; denn dieses Gefühl ist zugleich die Kraft und das Licht seiner Wirksamkeit, — ewig tätig und leuchtend, wie die ewige Kraft und das ewige Licht, dessen Ausfluss alles Einzelne ist. Nicht vergebens kann der gelebt haben, — *qui visit et vidit et vignit...*

Jeder Mensch ist doch im Innersten zuletzt — Mensch. Diesen *Menschen* eines Jeden, aus den individuellen Verhältnisknäueln herauszuwickeln und zu fördern, ist die sittlichste Aufgabe.

Das *homo sum etc.* hat tiefere Konsequenzen, als die einer allgemeinen Teilnahme, die auch dem oberflächlichen Blicke nicht entgeht. In jedem Menschen, den man inniger verstehen lernt, findet man Stücke des eigenen Selbst wieder; und das erschafft eine Sympathie, welche näher als jene Teilnahme verbindet.

Wer recht auf sich merken und sich in den feinsten Fältchen seines Innern nicht vor sich selbst verheimlichen gelernt hat, der hat einen Schlüssel zu Vielem, was nie in der Welt ausgesprochen wird, und doch alle Triebfedern der Welt bewegt. Es ergeht uns eben Allen so ziemlich gleich, und wir erleben in uns das Nämliche, und [112] werden auf ähnliche Weise dadurch bestimmt. Und dieses Bestimmtwerden ist eben das *humanum nemini alienum*; das Selbstbestimmen (die Gegenwirkung daraus) freilich ist der Vorzug ungemeiner Menschen.

Freiheit? Notwendigkeit? Es ist notwendig. dass sich der Mensch für frei halte! wenn er Mensch sein soll. Wozu also das viele Reden?

Man ändert sich im Gange des Lebens weit mehr als man glaubt. Es ist schwer, das zu fühlen, weil man sich nicht in den zurückversetzen kann, der man nicht mehr ist. Aber es kommen Momente, wo dieser Gewesene auftaucht; und namentlich gibt manchmal das Verhältnis zu andern Menschen plötzlichen Aufschluss. Sich selbst in allem Wandel am wenigsten zu vermissen, bleibt ein Abzeichen der ungemeinen Naturen.

Jeder Mensch wird wiedergeboren. Es tritt die Epoche ein, in welcher er selbst über sich und sein Verhältnis zur Welt zu denken anfängt. Er wird mündig; und diese geistige Wiedergeburt ist kaum minder bestimmt bezeichnet als die erste Geburt des Leibes.

Alle menschenfeindlichen Deklamationen von *Menschen* haben etwas Lächerliches und Anmaßendes. Sie [113] müssen wenigstens in der Form „wir Menschen sind" usw. gegeben werden.

Demjenigen, der, wie jener Gelehrte, sagen würde: „Die Menschen teilen sich in zwei Klassen; solche, welche gehängt werden, und solche, welche verdienen gehängt zu werden", — muss man erwidern: Zu welcher zählen Sie sich?

Man muss gut unterscheiden: Den Missmut des Vernünftigen über die herrschende Schalheit, — und den des Narren über die wachsende Vernünftigkeit in der Welt.

Freude daran, Vieles lächerlich zu finden, drückt Misswollen, — gar nichts lächerlich finden, drückt Beschränktheit aus.

Was den Menschen von der ganzen übrigen Natur scheidet und befreit? Der Zwiespalt seines Wesens, die Kraft, *sich* zu verleugnen.

Jeder Mensch hat auch ethisch eine ihm zukommende, eigentümliche Form. Sich diese zur Erkenntnis und sodann zur Darstellung zu bringen, ist eine große und unerlässliche Aufgabe. Pflicht und Wahrheit *in abstracto* haben freilich weder Form noch Farbe; ja sie entfernen, ihrem Begriffe zufolge, den Menschen vom Individuum, von [114] sich selbst. Aber die Art, in welcher sich beide im Menschen manifestieren, ist völlig individuell, und für den, der solche Manifestationen je gesehen und beobachtet hat, ein entscheidender Beweis für die Identität und höhere Persönlichkeit des menschlichen Einzelwesens. (Kant, Goethe, Mark Aurel, Schiller, Byron o. w. i.)

Man wird zu allem geboren; warum nicht auch zum Reinmenschlichen? Gewiss, es gibt geborne *Menschen*, wie es geborne Poeten gibt. War nicht Mark Aurel Einer?

Nicht vom Verstande, noch weniger vom Gefühle, nur vom Willen müsste die höhere Erziehung anheben. Jene beiden geben nur Form und Ressort, dieser allein einen Inhalt.

Was ist erforderlich, damit eine Kristallisation, — eine bleibende, gesetzliche Bildung — gelinge? Vollkommene Auflösung des zu Bildenden im Bildungselemente und Ruhe während der Bildung.

Man sollte fast denken, Erziehung durch Menschen sei unerreichbar, weil zu viele inkalkulable Momente mitwirken, und das Individuelle obendrein inkalkulabel ist. Doch muss sie möglich für Menschen sein, weil sie Aufgabe für Menschen ist. Verhält es sich mit der Heilkunst anders? Hat sie's nicht auch mit Individuen zu tun? [115] Doch ist sie zu allgemeinen Gesetzen gelangt, denen sie das Individuelle subsumieren gelernt hat. Freilich ist diese Subsumtion ein Akt, der viel fordert. Das mag auch bei der Erziehung so sein.

Aus Jedem kann sich nur entwickeln, was die Natur in ihn gelegt, aber *dass* es sich entwickle, dass es sich *geordnet*, ohne Verlust, entwickle, — das ist so gewiss in die Hand der Kunst gegeben, als sie ja auch Tier- und Pflanzenkeime neben der Natur zum Leben zu erziehen gelernt hat.

Begabte Jünglinge muss man nicht zu sehr hofmeistern oder gar negieren, wenn man nicht in ihnen einen heimlichen, also nur umso anmaßenderen, Stolz erregen und nähren will. Überhaupt ist ein abgenötigtes, demütiges Wesen immer Ursache und Symptom inneren Dünkels.

Nur der Jugend nicht durch *Rat* zu helfen suchen! Erfahrung und Wissen sind nur für den mitteilbar, der erfahren hat und weiß. Das Beispiel, die Tatsache ohne alles Beiwerk von Räsonnement, ist, nebst der ursprünglichen Anregung, alles, was man hier geben kann.

Das Wichtigste, aber auch Schwierigste, bei jeder Art Erziehung, Bildung usf. ist: Das Verhältnis zwischen dem Besondern und Allgemeinen. Eine allgemeine Zweckvorstellung muss freilich schon im Anfange mitgeteilt werden oder gegeben sein, weil sonst statt einer Bahn [116] nur ein schwankendes Herumtappen möglich wird. Aber das Allgemeine, in seiner Ganzheit und Bestimmtheit, muss sich immer erst aus dem Besondern, Individuellen entwickeln, weil es sonst nicht wahr, nicht lebendig werden kann. So geht die rechte Bildung in den Wissenschaften, in der Dichtkunst, in den übrigen Künsten, im Leben des Einzelnen und in den Verfassungen der Staaten und Gemeinden vor sich. Das ist aber eben die Aufgabe, — für jede Bildung das notwendige Allgemeine zu bestimmen, welches als maßgebend den individuellen Entwicklungen vorangegeben sein soll. Diese Aufgabe wird durch die innige Durchdringung von Theorie und Praxis häufig (z. B. in der Heilkunst) sehr erschwert. Der Schüler soll den allgemeinen Begriff von „Fieber" haben, um das Fieber *in concreto* zu erkennen; er kann aber den allgemeinen Begriff nur gewinnen aus der konkreten Anschauung. Auf diesem wichtigen Verhältnisse beruht der Wert jeder Staatsverfassung; das Prinzip: „Gesetzliche Freiheit" ist bei jeder dasselbe; keine aber kann sich die beste nennen, weil bei jeder konkrete Verhältnisse mitzuberücksichtigen sind. Große Gesinnungen, Gedanken, Ansichten, Systeme, haben nur Wert, wenn sie Resultate vielfacher Bemühungen im Kleinen und Einzelnen sind.

Oft habe ich mich scharf beobachtet und gefunden: Auch bei umwölktestem Kopfe ist der Gedanke rein und frei, wie Etwas, das, von Außen bedrängt, sich *unendlich*, [117] unverletzbar, zurückzieht. Nur die Wirkung ist ihm gehemmt; er kann gleichsam nicht empfunden werden.

Energien (der Erfahrung zufolge), die träge (*vis inertiae*), die zähe, die stille, die feste, beharrliche, die stoßweise, die duldende, die zarte, die wilde, die heitere, die, welche mehrere dieser Kriterien in sich vereint.

Ein Anderes sind die einzelnen Vermögen in ihrer Potenzierung: Verstand, Wille, Fantasie usw. „Energie" als Gesamtausdruck, bezieht sich auf das Resultat aus ihnen und anderem, oder auf die individuellste, ihrem Ursprunge nach unbekannte, dem lebendigen Wesen eingeborne Kraft.

Wenn Charakter (wie Hardenberg sagte) ein vollkommen gebildeter Wille ist, so kann kein Zweifel bleiben, worauf es bei der Charakterbildung eigentlich ankomme. Der Verstand, von den ersten Gründen bestimmt, wird durch die folgenden vielleicht umgestimmt; das Gefühl, durch den ersten Eindruck bewegt, unterliegt ebenso leicht einem zweiten, ihm widersprechenden. Also Wille ohne, oder gegen, Verstand und Gefühl? Gewiss nicht; die Aufgabe bleibt eben, ihn biegsam ohne Schwäche, kräftig ohne Starrheit zu machen. Der innere Mensch ist doch zuletzt nur Einer; Eine Kraft. Diese Kraft dem Rechten zuzuwenden und zu stärken, — das ist es, was Not tut.

[118]   Über die Stimmung durch Tageshelle habe ich neulich eine lebhafte Erfahrung gemacht. Die Lampe, die in meinem Schlafzimmer des Nachts brennt, brannte sehr hell. Ich erwachte und wusste nicht, welche Zeit es war. Gewohnte nächtliche, meist ernste, ja düstere Gebilde nahmen Besitz von meiner Fantasie und verjagten den Schlaf. Da schlug die Uhr fünf, und ich erkannte, dass, was ich für Lampenschein gehalten, schon Tageshelle war. Augenblicklich veränderte sich meine Stimmung; dieselben Gegenstände, die mich eben verdüstert, erschienen im heiteren Lichte, und ich hatte wieder Mut. Ich *empfand* diese Veränderung wie einen Ruck im Gehirn.

Es gibt kühlende Gedanken, wie es erhitzende gibt. Das Verhältnis ist nicht wie das der fröhlichen und traurigen; beide können beides sein.

Eine gerührte Stimme ist wie das Abendrot oder ein farbiges Glas, durch welches wir die Welt schöner, wie überzaubert, erblicken.

Wie die gedeihliche Tätigkeit beschaffen sein müsste? Nicht übertrieben (a. der Dauer, b. der Anstrengung, c. der Hastigkeit nach); nicht *invita Minerva*; abwechselnd (a. mit Rast, b. mit den Gegenständen.).

[119]   Mit der Leidenschaft möchte es immerhin angehen,— wenn sie nur kommensurabel wäre.

Es gelingt nur dem geistig kräftigen und sittlich durchgebildeten Menschen, in sich eine gewisse Stille zu bewahren, die, selbst während bewegter Momente und Epochen, wie der Punkt des Archimedes, noch eine Stätte für die Betrachtung bietet; die dem Sein das Denken zugesellt, welches die wahre Glückseligkeit des Menschen ausmacht.

Sich etwas Gutes anzugewöhnen, ja sich dadurch zum Guten zu gewöhnen, wird so schwer nicht fallen; aber sich den alten Fehler abzugewöhnen, — das ist schwerer, als sich's Jener denkt, der die menschliche Natur nicht kennt.

Das Publikum schmäht und klagt über die Ärzte. Die Kranken aber wissen oder bedenken nicht, wie sehr sie selbst, durch Eigensinn, Vorurteil, Leidenschaft, Widerspruch, die Ärzte in ihrem Urteilen und Handeln verwirren — und verderben.

Das Leben hat nur insofern einen Wert und eine Bedeutung, als wir sie ihm geben. *Das* ist das Wesen und Insiegel des Geistes, dass er schaffe, dass er produktiv sei. Und das ist das Vorrecht des Menschen unter den Geschöpfen, dass er ein Leben des Geistes leben könne. [120] Dieses Vorrecht aufgeben, — das ist der eigentliche Materialismus in Leben, Kunst und Wissen. Es zu üben, ist der Stempel des Genius, des sittlichen, künstlerischen, philosophischen. Der Geist wirkt und bildet, einem Ideale gemäß; was sein soll, nicht was ist, schwebt ihm als Zweck seines Daseins vor. „Wenn kein Gott wäre, wir müssten uns einen schaffen", — zu diesem Worte trieb ihn, selbst im fessellosen Drange der Anarchie, sein eigener Instinkt. „Wenn keine Tugend wäre, — konnte er ebenso wahr sagen, — wir müssten sie ersinnen, sollen wir nicht vergebens Menschen gewesen sein!" — Und ist es mit der Glückseligkeit anders? Macht sie nicht jeder Mensch sich selbst? Mit dem Schönen anders? Nimmt es das schaffende Genie aus der gemeinen Wirklichkeit? Ist nicht alles Große — Dichtung? Nur wer dichtet, lebt. — Forschet also immerhin den Gesetzen der Natur, als solchen, mit selbstverleugnender Treue nach — vergesst aber dabei nicht auch dem verleugneten Selbst, in einem andern Gebiete, sein Recht wieder zu gewähren; gebet dem Geiste, was des Geistes ist! Strebe der Mensch, welcher dieses Namens würdig sein will, zu bewähren, dass er es ist, — indem er ein geistiges Leben betätigt, in Tugend, Dichtung oder Gedanken, eine eigene Welt sich schaffend, in deren Mittelpunkte eine *Persönlichkeit*, und nicht ein *Ding*, sich waltend offenbart!

Es kommen im Leben manchmal Zustände, die sich, mit einer kleinen Modifikation, typisch wiederholen. Man [121] könnte sie Reime des Lebens nennen. Solche Reime sind oft förmliche Sentenzen, denn sie erteilen Lehren im Symbole.

Fast in jedem Menschenleben gibt es Momente oder Ereignisse, in welchen, wie in Keimen, seine ganze Zukunft vorgebildet ist, und die man als Symbole dieses Lebens betrachten kann. Einem alldurchdringendem Auge müsste eigentlich jeder Moment eines Lebens so erscheinen; denn in jedem prägt sich aus, wie ein bestimmter Mensch die Welt auffasst und gegen sie reagiert, und hierin liegt sein Geschick; — aber glücklich, wer sich selbst, auch nur *einmal*, in einem solchen Momente offenbar wird.

Was ist die Vergangenheit? Du selbst. Nichts aus ihr vermagst du festzuhalten; nichts ist mehr für dich, als die Keime, die sie in dein Wesen legte, und die mit diesem sich allmählich entwickelten und verschmolzen. Was ist die Zukunft? Für dich — nichts als du selbst. Sie kann dich nur angeh'n, insoweit es deine Aufgabe ist, dich ihr zuzubilden. Erinnern und Hoffen in jedem andern Sinne ist Täuschung eines Traumes; sich ihr hinzugeben — Hätscheln des Gefühls.

Das Gemenge von Lust und Schmerz im Labyrinthe des menschlichen Lebens ist — menschlich zu sprechen — ein Symbol der göttlichen Absicht. Ohne Leiden bildet sich kein Charakter, ohne Vergnügen kein Geist. Der Mensch soll also wohl an beiden reifen. So auch die Menschheit.

[122] Wer kann den Schmerz der Trennungsgedanken schildern — der Trennung von Jenen, mit welchen wir wahrhaft das Leben *durchlebt* haben? Den Schmerz dessen, der nur *ein* solches Gemüt auf Erden *sein* nennen kann? Den Schmerz des Abschiedes, der tausendmal vor dem wirklichen Abschiede Beider Innerstes jammervoll zerschneidet? Den Schmerz des Einsamen, Gealterten, der niemanden mehr finden kann, sein Leben noch einmal mit ihm vom Anfange an durchzuleben! — Und doch, wenn die Tränen, die diese Seelenqual uns auspresst, halb zu trocknen anfangen, — wie ist uns, als ob ein Engel von uns geschieden wäre! Wie gleichgültig, kalt, öde, erbärmlich erscheint uns die Welt! Ist das nicht die hörbare Stimme Gottes, dass die Liebe von *oben* sei, nach *oben* trachte, und dass der Mensch für diese Liebe bestimmt sei?

Wenn wir die Augenblicke des Vergnügens, der Seligkeit analysieren, so ist sie, wie alle menschlichen Zustände, doppelter Zustand (*homo duplex*) ein Vergessen seiner selbst: Ein völliges Besitzen seiner selbst; ein erhöhtes Dasein, ein dem Dasein Entrinnen. Ein Widerspruch, wie der Mensch, — und kein Widerspruch! Denn, was man vergisst, sind die Fesseln, und was man erhöht empfindet, ist die Freiheit des Lebens.

Jeder Rückweg scheint weit schneller und kürzer, als der Hinweg schien. So auch das Altwerden. Man kann [123] es nur dadurch um diesen Schein betrügen, dass man es als einen Hinweg betrachtet und behandelt.

Die menschliche Seele kann es sich nicht verhehlen, dass ihr Glück doch eigentlich nur in der Erweiterung ihres innern Besitzes bestehe. Frage sich jeder Gebildete aufrichtig: Wann er sich wahrhaft glücklich gefühlt habe? Nur in jener herrlichen Zeit jugendlicher Entfaltung, da mit jedem Tage seinem Geiste neue Welten sich auftaten, neue Sphären des Gedankens. Je älter man wird, desto sparsamer werden diese Eindrücke; die Erde hat zuletzt doch nur ein beschränktes Terrain für die Erkenntnis, und nur selten noch beseligen den bejahrten, mit ihr bekannt gewordenen Mann einzelne, neu auftauchende Wahrheiten. Muss er sich nicht am Ende nach einer andern Welt sehnen, die seinem gereiften Geiste neue Aufgaben verheißt?

„Man rühmt sich der Ruhe — hörte ich sagen — ach! Und die bittern Erfahrungen des Lebens haben uns statt ihrer nur die Gleichgültigkeit gegeben!"... Ich verstehe den Vorwurf dieses Seufzers nicht. Allerdings ist Ruhe — Gleichgültigkeit über manche Dinge, deren geringen Wert wir erst einsehen lernten. Was dachte man sich für eine Ruhe neben leidenschaftlichem Begehren? Gegen das Beste macht uns keine Ruhe gleichgültig. Nur in der Heftigkeit verkannten wir es.

[124]   Das Leben weist Jedem mit einem eisernen Stabe seine Bahn. Wohl dem, der den Stab sieht, und seiner Richtung mit ernstem Schritte folgt, und nicht wartet, bis der schwere Stab mit unabschüttelbarem Gewichte strafend auf seinem Rücken liegt.

Das Hauptergebnis, das die zunehmenden Jahre dem Menschen bringen, ist: Ein geändertes Verhältnis des relativen Wertes der Dinge zu ihm. Was seiner Sehnsucht, seinem Glauben, seinem Streben einst wichtig erschien, sieht er nun teilweise in Schein zerfließen, und immer mehr lernt er die Wichtigkeit dessen begreifen, was er einst für unbedeutend und klein geachtet hatte.

Das Leben selbst (oder die eigene Persönlichkeit) ist eines dieser Dinge, an deren relativer Wertschätzung man ein Beispiel dieser Verschiedenheit hat. Wie leicht erscheint dem Jüngling, — wie schwer dem Greise, seine Wichtigkeit, sein Verlust! ... Im Gegensatze das eigene Wissen — wie groß Jenem, — diesem wie klein!

Wähne nicht, dass die Betrachtung oder die Lehre oder die Begeisterung dich, von obenher, beseligen können. Du selbst, von Innen heraus, musst dich hinauf arbeiten. Die Raupe wird nicht zum Schmetterling, weil sie den Nektar der Blumen gekostet hat; sondern sie nährt sich vom Safte des Honigs, weil sie Schmetterling geworden ist.

[125]   Witz, Heiterkeit, die Macht des Lächerlichen, — ein unschätzbares, ein unentbehrliches Element im Ganzen der menschlichen Bildung. Wo es mangelt oder vergessen wird, macht sich Dünkel, Beschränktheit, Pedantismus, falsche Größe geltend. Warmes, reines Gefühl, mit Witz, der es von jeder Übertreibung läutert, und so nur stets mehr in sich kräftigt, was mag

man Schöneres wünschen? Witz zeigt die echte Größe des Menschen, weil die aufgeblasene nicht vor ihm besteht. Heiterkeit endlich, die in der Stimmung des Gemütes ist, bleibt ein freies, dir selbst zustehendes Trostmittel, wo Trost*gründe* nicht mehr ausreichen. Wer wollte nicht versuchen, ob es zu erschaffen sei.

Nur dem vertrau' ich völlig, nur der imponiert nachhaltig, der über sich zu lächeln fähig ist.

„Zersetzend" ist ein gutes Wort für den verneinenden, polemischen Verstand. Was im Ganzen aufgefasst, harmonisch und vollkommen wirkt, — zerfällt, in seine Einzelheiten zersetzt, oft freilich in ganz ungenügende Elemente. Dieser Verstand wirkt also oft wahr, aber ungerecht.

Ein stetes Wiederkehren auf den rechten Weg, ein beständiges Anfangen, — mehr hoffe der Stärkste nicht von sich, und verzage nicht, wenn er sich in diesem Zustande gewahrt.

[126] Dämmerung ist Menschenlos — und Menschenstandort in jeder Beziehung. Auch dem sittlichen Menschen ist nichts gefährlicher, als die schwüle Mittagssonne des Glückes, der behagliche Zustand müßigen Besitzes. Es ist der Zustand der Versuchung, so gut wie sein Gegenbild: Die Nacht des Unglücks; und wer das gelernt hat, wird, statt über den Ursprung des Bösen zu grübeln, mit tiefer Bewunderung der Vorsehung, in den besten Tagen die Erinnerung der schlimmsten, im Lärm der Freude den geheimnisvollen Warneton des Schmerzes selbst hervorrufen.

Gedanken sind die Nahrung, Gefühle die Atmosphäre des geistigen Lebens. Ohne sie kann es nicht bestehen. Fantasien sind seine Genüsse, Willensakte (Volitionen) seine Kraftübungen. Ohne sie kann es nicht gedeihen. Sein Zweck ist Fortschritt, der des körperlichen nur Selbsterhaltung.

Mit Entzücken möchte man manchmal alle Schelme umarmen, wenn man diejenigen betrachtet, welche die Welt rechtschaffen nennt!

Nichts straft die ewige Gerechtigkeit mit solcher Freudlosigkeit, als das Missgönnen fremder Freude.

Soll man in Lagen die du ja längst vorher wusstest und durchschaust — dich staunen sehen und wimmern hören wie den Pöbel der Menschen?

Du hast gelebt und *ge-*[127]*sehen*; was willst du mehr? Erwarte ruhig, bis man dich ruft.

Die „stärkeren Vorstellungen" in der Seele sind es die das Glück oder den Trost des Menschen ausmachen, so wie sein Elend. Ihr Auftauchen und Verschwinden in seine Gewalt zu bekommen, — seine Aufgabe, wenn er nicht verzweifeln will.

Seine Seligkeit in sich zu haben! Immer und überall sein Glück in sich! ... Gibt es ein anderes Glück? Überall und immer gibt der Gedanke Stoff zum Selbstgespräch, die Dichtungskraft Bilder, das Dasein Raum für Gefühle, für ein reines Wollen!

Törichtes Preisen und Beneiden unbewussten Glückes! ... Nur im Geiste kann das Glück gefunden werden, da es selbst nur ein Begriff ist. Wer je den dumpfen Zustand sinnlichen Behagens mit dem Gefühle geistiger Klarheit in der Erfahrung vergleichen lernte, weiß, dass es sich hier nicht um ein Wortspiel handelt. Jenes Beneiden trifft (meint) eigentlich nur das Unbewusstsein des Unglücks, welches letztere ja auch nur ein Begriff ist. Fleht also zu den Göttern nur um Helle des Geistes und lasst sie des Übrigen walten!

[128] Das ist das Merkmal, durch welches der gemeine und der höhere Mensch voneinander unterschieden sind: Dass Jener sein Glück nur dann findet, wenn er sich selbst vergisst — dieser, wenn er zu sich selbst wiederkehrt, sein Selbst innig genießen kann. Jener, wenn er sich verliert, dieser, wenn er sich besitzt.

Beiden mag der Tod eine fröhliche Botschaft sein; denn er befreit Jenen von seinem quälenden — und führt Diesen zu seinem reinen, eigentlichen Ich.

Der Beweinende wisse, dass er wieder beweint wird, der Belachende, dass man ihn wieder belacht, der Betrachtende, dass er wenigstens durch Klarheit befriedigt wird.

Nur immer das helle Auge vom Kleinen weg, fest aufs Große, Ganze gerichtet! Wer keinen Blick für die unendliche Natur sich abzugewinnen weiß, hat an seiner eigentlichen Vergangenheit einen Spiegel, der ihm Geschichte predigen kann, wenn er hören mag. Und wer sich geschichtlich geworden ist, der ist sich klein geworden; und es kann sich in ihm der Sinn fürs Große aufschließen.

Nur immer das alte Gebet: „Ein reines Herz und große Gedanken!"

[129] Wie wahr schrieb Rahel, „dass man *plötzlich* alt wird"! oder nur weniger paradox — wie fühlt man, ehe man sich's versieht, dass man alt *geworden* ist! Weg sind alle Illusionen, alle Seligkeiten, alle Kräfte der Jugend, — bar und bloß steht man da, weise und ohnmächtig, festgewurzelt in der Erde, die einem keine Nahrung mehr gibt, — wie der alte Baum im Winter, der seine nackten Zweige traurig zum Himmel streckt.

Es ist unsittlich, nur seine Gefühle — selbst die moralischen — zu hätscheln; es führt zum Verderben. Man muss grausam und unerbittlich gegen sich sein lernen, wenn man an sich glauben, wenn man sich achten lernen will.

Präge dir nur *das* tief und unauslöschlich ein und habe es täglich in der Seele: „Warum klagst du? Warum forderst du, was nun einmal, wie du schon einsehen gelernt hast, nicht gefordert werden darf? Warum heißest du nicht *deine Empfindlichkeit*, deine Ansprüche schweigen?" Die schönsten Lehren erteilst du dir in deinen Vormerkungen, — und wenn du dich selbst daneben hältst; wie dann? *Gehätschelt* willst du sein! Das ist's.

Es gibt eine Beschränktheit des *Gefühles*, die nicht über ihre Sphäre hinaus fühlen kann, so gut wie eine Beschränktheit des Verstandes, die nicht über ihre Sphäre hinaus *denken* kann. Ist es nun wahr, dass beim Weibe [130] das Gemüt, wie beim Manne der Verstand den Hebel zu allem bietet, so wüsste man, *wohin* bei der weiblichen Erziehung zu wirken wäre.

Gefühlsborniertheit ist fast noch schlimmer als die des Verstandes. Sie gibt den rechten, eingefleischten Egoismus. Was ist es, als Nichtmitgefühl?

Jeder höher gedachte Verein tendiert (bewusst oder unbewusst) dahin, sich selbst entbehrlich zu machen (Staat, Kirche, M.) etc.

Die Schriftsteller entwickeln meist viel mehr Verstand, wenn sie die Gedanken ihrer Gegner, als wenn sie ihre eigenen analysieren.

Wenn man analysieren gelernt hat, findet man zuletzt, dass die wenigen einfachen Grundzüge der menschlichen Natur unter tausend Formen, Beziehungen und Umhüllungen, im ganzen Getriebe des Lebens immer erkennbar sind, und gleichsam das Hauptgerippe dieses lebendigen Körpers, die Elementarzahlen des großen, arithmetischen Systems und aller seiner Kombinationen darstellen. Den Menschen, als solchen, aus allen Verkleidungen herauszufinden, ist die Aufgabe, — leichter und schwieriger, als man denkt.

[131] Wenn sich, in schweren Stunden des Ringens, das Gefühl der Pflicht: Menschenliebe, — und das Ergebnis der Welterfahrung: Menschenverachtung, in deinem Busen bekämpfen, — dann rette dich die innige Empfindung: Dass auch du Mensch bist, wie sie; dass auch du von ihnen geduldet werden, und *dich* dulden musst, wie *sie*.

Das Genie bedarf und verdient kein Lob. Es hat sich nicht selbst hervorgebracht. Wohl aber verdienen Fleiß und sittlicher Wert Anerkennung und Ruhm. So wird es in einem vollkomm'neren Zustande der Menschheit gehalten werden. Man wird die Naturkräfte dankbar benützen, und den Triumph der menschlichen feiern. Man wird die Homere genießen und den Aristiden Denkmale bauen.

Wohltaten, Almosen, Freundlichkeit, Nachsicht sind nur sehr dürftige Supplemente wahrer Sittlichkeit. Ja, es gibt viele Menschen, welche durch diese ostensiblen Äußerungen der Tugend sich von den höheren Pflichten der Rechtlichkeit, von der wahren, inneren Tugend; der Gesinnung, gleichsam loskaufen zu können glauben. Sie passieren im Leben, in der Sozietät für die Guten, — aber Gott sieht die Herzen. Die wahren Wohltaten sind die, durch welche Wohltaten entbehrlich gemacht werden.

Es gibt nicht leicht etwas Verkehrteres, als die Klage gewisser zarter Seelen: Dass man ihnen die Begeisterung [132] für etwas durchs Zergliedern raube. Es gibt doch wohl etwas der Begeisterung Würdiges, was also jede Zergliederung aushält? Nun gut! So wird die echte Begeisterung durch jede Enttäuschung nur näher gerückt, und wird, wenn sie den rechten Gegenstand gefunden hat, erst recht in sich vollendet, fest und innig sein. Und gesetzt, es gäbe nichts, was die Probe aushält, — wer möchte ewig in der Täuschung leben, und ein Sklave des Vergänglichen sein?

Freilich, auch die Zergliederung muss echt sein, und dem Gefühle geben, was des Gefühles, dem Verstande, was des Verstandes ist.

Einige Menschen montieren ihren Verstand ebenso, wie andere ihr Gefühl oder ihre Fantasie, ja ihren Willen. Die Ersten sind die männlichen Nachbeter Hegels, die weiblichen Rahels; die zweiten Schwärmer; die dritten Fantasten, sei es im Leben oder in der Poesie; die vierten werden zu jenen heroischen Karikaturen, zumal in der Politik, deren beständiges Ankämpfen eine fruchtlose Poltronnerie darstellt.

Sowohl die Lobpreiser als die Tadler des sogenannten einfachen Menschenverstandes mögen darauf bedacht sein, den *gesunden* Menschenverstand von dem *gemeinen* Menschenverstande wohl zu unterscheiden. Jener weigert sich keineswegs, das Höhere anzuerkennen, das dieser mit engbeschränktem Egoismus verkennt und verleugnet.

[133] Nicht das abstrakte Denken allein, auch das Fühlen und Wollen fassen wir in der Idee der Geistigkeit zusammen. Dieses Drei in Einem, ein uns unbegreiflich Gegebenes, sind wir genötigt, auch im Ideale der Geistigkeit — in Gott vorauszusetzen. Darauf ist die Idee der Persönlichkeit Gottes, darauf die einer persönlichen Fortdauer gegründet. Das ist der Vater (das Fühlen), der Sohn (das Wollen), und der Geist (das Denken). Das Ideal des Schönen, des Guten, des Wahren. Unerforschlich ist diese Einheit. Sind doch schon die intellektuellen Gefühle im Menschen unerklärlich. Platon muss etwas Ähnliches gedacht haben, da er sagte: „Die nicht vorübergehende Freude wird vom Verstande selbst, als eine der Erkenntnis und Tugend (Wollen) zu ihrer Genügsamkeit unentbehrliche Beimischung hervorgebracht, und gehört demnach zu der Natur des Ewigen."

Würden wir sagen, das *Denken* mache den Vorzug des Menschen aus, wenn wir nicht *fühlten*, dass es ihn ausmacht? Woher diese wunderbare Erscheinung, dass unser ganzes Wesen von Vorstellungen, von Gedanken, ja von Ideen *bewegt* wird?... Gehören diese Erfahrungen, die wir in uns zu unserem Leide und zu unserer Tröstung machen, — die auf jeder Stufe der Kultur gemacht werden, der körperlichen Organisation an, weil sie in ihr sich offenbaren? So wenig als das Denken. Gehören sie aber zum Denken? So wenig als das Wollen. Ehre und pflege doch jeder, der Mensch heißen will, seine [134] Gefühle und sein Gewissen, — diese geheimnisvollen Abzeichen eines höhern Ursprungs, zugleich mit der Vernunft — dem heiligen Winke einer höhern Bestimmung!

Nichts ist wahrer, als dass die echteste Wahrheit deines Gemütes getrübt wird, wenn du sie anders als durch Tat und Dasein, wenn du sie durch Worte mitteilen oder gar verteidigen willst. Das Wort, die rohe Waffe des Streites, ist ein viel zu grobes Werkzeug für den Stoff des Geistes. Wie du dich darauf einlässest, verlierst du die Gewalt über deinen eigenen Gedanken. Es ist immer etwas Bedingtes an allem, was man ausspricht, und kein Redender hat völlig Recht. So ist auch die Tugend, die Religion und das Schöne nur dein, so lange du nicht um sie *wortest*; und so scheint alles Höchste sich den geschlossenen Tempel des menschlichen Innern zum allgemeinen Wohnsitze gewählt zu haben.

Nichts hat der echten Moral und Religion so sehr geschadet, als das Moralisieren und Predigen; nichts der Philosophie mehr, als die eitle Spekulation; nichts der ideellen Entwicklung mehr, als das Idealisieren. Je mehr man öffentlich diese höhern Gegenstände verhandelt und wiederholt, desto gewisser kann man sein, Indifferentismus gegen sie zu erzeugen, — wie schon Kotzebue bemerkte, dass das viele Kirchenbesuchen in seiner Kindheit ihn irreligiös gemacht habe. Keine Deklamation wird die Richtung [135] einer Zeit oder eines Volkes ändern. Je mehr man sich mit Beweisen und Reden abmüht, desto mehr wird der Gegner rufen: Eitle Phrasen! — Man lehrt ihn selbst, das Höhere herabzieh'n und verachten, indem man es ihm aufdringt. Ja man begibt sich durch voreilige Profanierung zu einer unempfänglichen Zeit, vor einem unempfänglichen Publikum, derjenigen Mittel, welche diese höchsten Angelegenheiten bei Empfänglicheren gefördert hätten. Nicht zu Überzeugenden gegenüber ist Schweigen das einzige Angemessene. Ruhiges Handeln nach der eigenen Überzeugung ist hier das Einzige, wovon noch Wirkung zu hoffen ist. Das ist einer der großen und wichtigen Grundsätze, welche die Geheimhaltung sittlicher und höherer Zwecke von alters her wünschenswert erscheinen ließ.

Alle Wirkung ist nur wahr und echt, so lange sie keinen Namen hat. Mit der Nennung schwindet der Zauber. Das Wesen der Lehre Christi war getötet, als das *Christentum* entstand; die Lehre Kants, im Grunde doch nichts als der angewandte Grundsatz der gesunden, prüfenden Vernunft, hat ausgewirkt, als sie Kritizismus genannt ward; ja die Sittlichkeit selbst leidet unter dem Namen der Moral und des Moralischen. Ausgesprochen — ist getötet. Merke diese Maxime, wer wahrhaft wirken und wohltun will!

Ethisches Problem: Die höhern Gefühle, welche Natur im Menschen an die Liebe der Geschlechter geknüpft [136] hat (wohl zu sondern vom reinen Gefühl des Wohlwollens) ... wohl nur teleologisch zu begreifen: Zur Entwicklung des wirklich höhern Gefühls (s. Platon: Gastmahl). Ein Beispiel, wie Natur beständig die Extreme, das Höchste und Niedrigste, ineinander schlingt.

Der (wie Kant richtig nachweist) irrigen Ansicht: Dass Tugenden ein Mittleres zwischen je zwei Lastern seien, liegt die wahre zu Grunde: Dass jedem Laster irgendeine Tugend entgegengesetzt sei.

„Was schadet doch die schöne Freude, die Ihr Sünde nennt, der Welt? Worin liegt das Laster an der Liebe? Worin das Verbrechen an der Menschheit, das wir begeh'n, wenn wir die kurze Spanne dieses schalen und traurigen Lebens durch einen frohen Rausch zu verträumen suchen?" ... In der Ertötung des moralischen Sinnes, der die Wurzel aller übrigen Tugend ist. Dieser langsame Mord des guten Prinzipes in euch selbst und andern ist die Sünde gegen den heiligen Geist.

„Und was nützt, wem nützt die Enthaltsamkeit, die mein Leben verödet?"... Dass sie die Selbstbeherrschung fördert, welche die Wurzel aller übrigen Tugend ist; dass sie höhern, vorher nie geahnten Freuden Raum gewährt, die nun in den gereinigten Tempel deiner Welt einziehen.

[137] „An seiner eigenen, sittlichen Veredlung arbeiten — ganz gut! Aber hat der Mensch nichts *anderes* zu tun? Entzieht er sich nicht durch diesen ethischen Egoismus der Welt?" Seine sittliche Arbeit fängt eben damit an, dass er seine Pflichten erfülle. Fürchtet also nicht, dass er sie versäumen werde! „Wenn er aber nun mit seiner Selbstbearbeitung fertig, wenn er der Mensch ist, der er sein soll, — was dann?" Es ist dafür gesorgt, dass die Bäume der Erde nicht in den Himmel wachsen! Aber sei es! Dann erst wird er berufen sein, auf *andere* zu wirken, die Welt zu verbessern. „Und wenn nun die ganze Menschheit ihrem sittlichen Ideale zugeführt wäre, wenn sie wäre, was sie sein sollte, — was dann? Was dann? Wartet geduldig ab, ob ihr erlebt, was Euer Vorwitz mit der Elle eures Gesichtskreises misst! Denkt euch immerhin fertig, — was ihr noch nicht angefangen habt, — vielleicht beginnt dann erst das große Werk, wozu im unbegreiflichen Ganzen der Dinge der Mensch berufen ist, — der Mensch, untauglich, wie er ist, sich erst tauglich machen soll! Besser aber, ihr trüget nicht, wie faule Knechte tun, — sondern ginget ans Werk, da es doch nichts anderes zu schaffen gibt, was Befriedigung, ja was Trost gegen Verzweiflung gewährt!"

[138]   Es ist nicht genug, seine Pflichten zu erfüllen; man muss sie als Pflichten, — aus Pflichtmaxime — üben. Weder Taten noch Kenntnisse sind geistiger Besitz des Menschen; nur sein Wollen ist es. Durch den Willen ist er Person und Genosse des Geisterreichs, Mitansprecher der Unsterblichkeit.

Menschen, deren sittliche Forderungen eine kategorische Strenge, ein Letztes und Unbedingtes aussprechen, sind nur zu oft diejenigen, die diesen Forderungen, ja selbst geringeren, am wenigsten genügen. Dagegen solche, die ihre Forderung bedingt stellen, Nachsicht und Billigkeit für das Menschliche mit in Anschlag bringend, vermuten lassen, dass sie es ernstlich meinen, dass sie das Höchste versucht und wieder versucht haben, und es wohl eher leisten werden, als Jene. Dass übrigens das Ideal, als solches, durchaus anerkannt werden muss, versteht sich für die Vernunft ebenso von selbst, als es für den Verstand klar, und für das Herz genügend bleibt, dass jede Annäherung an das Ideal erkannt und anerkannt werde.

Nichts ist moralisch unwirksamer, als die Übertreibung des Moralisierens; ja es wird nichts gewisser das Gegenteil vom Bezweckten bewirken. Wenn man z. B. das Unglück des Reichtums so grell schildert, dass der Reiche lächeln muss, — so wird der Hörer selbst das Wahre daran nicht glauben.

[139]   Hierher gehört besonders die von Dichtern u. a. so oft grell gemalte Qual des Gewissens. Man bedenkt nicht, dass das *Gewissen entwickelt* sein muss, um deutlich zu sprechen. Den Guten, wenn er gefehlt hat, quält das Gewissen, den Gemein-Schlechten nicht. Der Mittelmäßige tröstet sich beim Anhören der grässlichen Schilderung mit seinem: „Gottlob! Solche Qualen spür' ich nicht!" und wird in seiner Mittelmäßigkeit bestärkt.

Ganz gewiss! Das unvermeidliche Resultat der höchsten Aufklärung ist: Apathie. Hier hilft nur die Idee der *Pflicht*, die ein selbstgeschaffenes Objekt des Gefühles ist.

Der Ehrgeizige gibt mir einen bessern Begriff von seinem Gefühle, als von seinem Verstande. Derjenige *fühlt* immer noch edel genug, den es mehr nach Ehre, als nach stofflichem Besitze treibt; aber *gedacht* hat er noch nicht weit, — sonst würde er entdeckt haben, wer die Ehre gibt, und was an ihr ist.

Wenn man auf die modernen deutschen Publizisten Acht gibt, so gewahrt man, dass es sie charakterisiert: Das eigentlich Richtige und Gute zu verkennen, und das Halbe und Mittelmäßige mit einer unendlichen Wichtigkeit zu behandeln. Halb und mittelmäßig sind sie selbst; es ist ein unklares Geschwätz, ein Gesalbader, das klingt, als ob's was wäre, und ist nichts; ein wichtigtuendes Nichts.

[140] „Sich zu sich selbst erheben", — „sich geschichtlich werden" — Ausdrücke für das tröstliche Gefühl, dass ein unzerstörbares Wesen in uns lebt, das nach und aus allen Lagen und Stimmungen immer wieder wenigstens für Augenblicke obenauf gelangt ist und gelangen wird, — und wäre es nach dem längsten Augenblicke, — dem irdischen Leben. An diesen großen Überblick, an dem alles nur vorbeigeht, kann sich glücklicherweise der Mensch halten; dazu ist er organisiert.

Wahrheit in den *Welt*lebensverhältnissen? Ich lüge täglich; mag man wenigstens aus diesem Bekenntnisse sehen, dass ich wahr bin.

In der Welt — wahr? Was würde sie dazu sagen? Wer sie kennt, lächelt über einen solchen Anspruch; wer ihn machte, hat sie und sich nicht gekannt. Wer ist denn mit sich selbst wahr? Und dieser Anspruch ist doch gültig.

Der vollendete *Schein* lässt sich nur durch das *Sein* erzielen.

Wenn man B.'s durchaus musterhafte Repräsentation zergliedert, so findet man beiläufig

gegen Höhere Achtung mit dem Ausdrucke des Selbstgefühls: [141]

gegen Gleiche, wenn sie gebildet sind, — Repräsentationslosigkeit (man könnte sagen Humanität); wenn sie ungebildet sind: Höflichkeit;

gegen Geringere: Anstand, mit dem entschiedenen Ausdruck von Güte.

Reine Auffassung und gesonderte Behandlung der Verhältnisse als Fundament der Sozialität (Galanterie, Neigung, Liebe, Ehe, Dienst, Freundschaft usw.).

Es ist eine ebenso gewöhnliche als irrige Phrase, dass sich zwar Liebe nicht, wohl aber Achtung erzwingen lasse. Ganz umgekehrt: Liebe lässt sich allenfalls durch unbedingt liebenswürdiges Betragen, auf eine Weise erschmeicheln, der nicht so leicht irgendjemand zu widerstehen vermag. Achtung dagegen ist ein Gefühl, das nur sehr wenige Menschen, nur Menschen, welche selbst achtungswürdig sind, einem andern zu zollen vermögen. Es erfordert einen weit höheren Grad sittlicher Kultur, als er in der Menge vorauszusetzen ist. Sei der Mann so achtenswert als er wolle — nie wird er die rohe, gleichgültige, egoistische, zerstreute Masse zwingen, ein Gefühl in sich zu erwecken, das ihr fremd, und noch dazu lästig ist.

Achten? Kein gemeiner Mensch vermag zu achten. Wenn Jemand im Rufe ist, von der *Menge* geachtet zu [142] werden, so rechne man darauf: Er wird nur *gefürchtet* und *beneidet*.

Achtung übt denn auch, selbst wo sie nicht versagt wird, der Intension nach, eine sehr geringe Macht im Weltverkehr. Den Geachteten speist man mit Worten ab, und überlässt ihn sich selber. Nur Furcht und Zuneigung sichern ihren Erregern lebendige Wirksamkeiten.

Es ist eine niederschlagende Erfahrung, dass Beifall und Ruhm nur immer Wirkungen begleiten, an denen etwas — wenn auch nicht absichtlich — Unwahres oder Illusorisches ist. An meinen eigenen Versuchen konnte ich das unverkennbar bemerken. Ich erlange Beifall, wo mein Gewissen mich nicht völlig für rein erklärt, oder wo ich wenigstens jetzt deutlich meine Unzulänglichkeit oder meinen Irrtum einsehe. Dagegen sind meine wahrsten und besten Worte, Ratschläge oder Handlungen ohne Erfolg geblieben. Selbst an den größten Berühmtheiten ist es kaum je die Größe, aus welcher zunächst die Berühmtheit hervorging.

Der Ruhm, populär geworden zu sein, ist immer ein sehr zweideutiger. Man wird nur populär dadurch, dass man so borniert ist wie die Menge, oder dass man die Leidenschaften der Menge teilt, oder dass man schlau jene Borniertheit benützt und diesen Leidenschaften schmeichelt. Das Gute und das Wahre, und der Gute und Wahre, [143] werden höchstens auf Augenblicke populär, so lange eine reinere Anregung die Menge erhebt.

Wenn man von Jemanden einen Fehler kennt, so glaubt man ihn sofort auch schon zu übersehen. Ein großer Irrtum! selbst bei gewöhnlichern Naturen; ein noch größerer bei ungemeinen, deren Fehler oft in derselben tiefen Wurzel stecken, die ihre Tugenden hervortreibt.

Die größte Stärke des Menschen ist die: Sich darüber hinauszusetzen, dass man ihn für schwach halte. Es begegnet dies der Welt, in ihrer Oberflächlichkeit leicht mit Guten, da man sieht, dass oft Schwäche für Güte gilt.

So haben denn auch die Tugenden ihren Münzfuß? Ihre Valute? Demut, Gehorsam, Treue, Selbstverleugnung, — die höchsten, die letzten Äußerungen der menschlichen Größe, einst unter dem Namen der „Heiligkeit" *über* das Menschliche gehoben, und angebetet, — wird ihnen nicht jetzt der Zopf als Attribut gegeben?

Man kann oft genug im Leben sehen, wie sich die Leistungen, ja die Vermögen nach den Anregungen und Empfänglichkeiten richten. Es gibt Menschen, mit denen ich immer etwas Vernünftiges rede, andere, bei denen ich mich wie verstandes-gelähmt fühle. „Wenn du mir glaubst so kann ich dir wahrsagen."

[144] „Wenn ich immer vom Ideal des Glückes seufzen höre, das durch die bürgerliche Einrichtung zerstört wird — sagte der alte Major — fällt mir König Friedrichs: „Hunde! — wollt ihr ewig leben?" ein. Wer Teufel sagt euch denn, dass ihr da seid, um glücklich zu sein? Eure Schuldigkeit zu tun — *dazu* seid ihr auf der Welt. Ist denn die Natur so philanthropisch, als ihr euch gebärdet? Ist sie nicht auch kalt und grausam? Das wird schon seine guten Gründe haben. Übrigens, beim Lichte gesehen, so arg ist es eben nicht. Versucht es nur einmal, zu sein, wie ihr sein sollt, — das Glück wird nicht ausbleiben! Der Apfel schmeckt nur beim ersten Biss sauer, später gewöhnt sich der Gaumen, und die Kost ist gesund und schlägt an. Lieber Himmel — fuhr er fort und lachte, — ließe man's nur einmal nach eurer Melodie gewähren! Ließe man alle die unglücklichen Paare, die, „voneinander unverstanden, durch das kalte Gesetz der bürgerlichen Konvenienz auf ewig an einander geschmiedet sind, auseinandergeh'n, und sich nach Wahlverwandtschaften an die Herrlichen verheiraten, — das gäbe einen schönen Spaß! Dieser Wechsel von Wahlverwandtschaften, den man da binnen einigen Jahren erleben würde! Das wäre eine großartige Komödie, — eine Weltkomödie!" In diesem Tone sprach er noch lange fort, — aber es hörte ihn niemand an; denn man wusste, dass er seine Zeit nicht verstand.

Wenn man das Verhältnis der Geschlechter betrachtet, wie es sich im wirklichen Leben darstellt, so wäre man [145] eher versucht zu glauben, sie seien zum Kampfe, als zur Einigung in der Menschheit geschaffen. Beide suchen einander nur, um entweder Vorteil aus der Verbindung zu ziehen, oder Lüste zu befriedigen, oder um sich gegenseitig zu beherrschen. Wo die Liebe anfängt (wenn sie ja anfängt) werden die Geschlechter vergessen. Bekommt nicht durch solche Betrachtungen die Lehre der Mystiker Bedeutung: Dass die Menschheit durch diese Spaltung in Geschlechter und durch zeitliche Geburt aus beiden gestraft worden sei?

Dass man sich doch vor dem Gesetze der Vorurteile und Konvenierungen so sehr geniert, sich, ihm zuliebe, so strenge beherrscht, — dem Urteile der Vernunft und des Vernünftigen gegenüber so wenig!

> … Je hais tous les hommes:
> L'es uns, parce qu'ils sont méchans et malfaisants,
> Et les autres pour être aux méchans complaisants.
> (Molière Misanthr.)

Wer fühlt sich rein, wenn er sich die zweite Hälfte dieses Vorwurfs treu vor die Seele hält? Und warum haben wir nicht die sittliche Stärke, uns, im Bewusstsein höherer Ansprüche, — weniger zu genieren? Die *méchans* genieren sich nicht; warum das? Trauriges Merkmal des allgemeinen Weltzustandes!

[146] Die Fähigkeit wird stets ein Hindernis der Protektion sein. Denn der Unfähige verspricht, ein brauchbares Werkzeug zu sein, während der Fähige *Fragen* besorgen lässt. Selbst die Verzichtleistung auf alles Selbsturteil sichert nicht gegen Zurücksetzung. Denn schon das Gefühl beobachtet, und, wenn auch schweigend, beurteilt zu werden ist unbequem.

Wenn du das Gute willst, werden wenige deine Protektion suchen. Die gerechte Sache verschmäht es, zu flehen; die schlimme wagt es nicht.

Der Österreicher sagt: „eine gute Haut sein", und „eine gute Haut haben". Mit Beiden, meint er, käme man gut durch die Welt. Es ist aber ein Unterschied. Wer eine gute Haut *hat*, dem schaden Püffe nichts; sie schützt ihn, wie ein Besitz, den man festhält; wer eine gute Haut ist, den schindet man, da er *selbst* mit ihr verletzt wird.

Das Stehlen wird in der Gesellschaft mehr dedaigniert, als weit größere Laster; so hat man der Lehre Galls das Diebsorgan übler genommen, als den Mordsinn. Mit dem Begriffe von Stehlen assoziiert sich der von Unkraft und Armut; und die Begriffe von Kraft und Vermögen sind der Maßstab populärer Schätzung.

[147]   Das Gewissen ist der Geschmack im Sittlichen. Das Gemeine ekelt uns mehr an, als selbst das Verbrechen. Aber auch der Geschmack kann als ein Gewissen im Ästhetischen aufgefasst werden.

Es scheint jetzt nur zweierlei Menschen zu geben: Montierte und blasierte. Aber es scheint nur so. Die Blasierten halten sich nur dafür, und sind sehr leicht zu montieren, — wenn nur etwas im Leben ihrem Selbst schmeichelt. Der Vernünftige ist keines von beiden; er hat zu viel zu tun. Und Vernünftige gibt es ja doch auch wohl noch? Sie entstehen oft mit den Jahren aus Solchen, die sich als Knaben für blasiert hielten und gaben, und aus Solchen, die sich allzu oft montierten.

Lasst euch durch alle Weisheit aus dem Kopfe die unabweislichen Rechte des Gefühls nicht rauben! Lasst euch durch allen Zauber des Gefühls die heiligen Rechte der Vernunft nicht verkümmern!

Niemand wirkt solche Wunder, als die Mode, die man, um sie zu adeln, Geist der Zeit zu nennen liebt. Wenn es ihr gefällt, das innerlich Entgegengesetzteste zu gleicher Zeit zur Geltung zu bringen, so vertragen sich oft in einem Kopfe Ansichten, um deren Verschiedenheit willen sich ein andermal ganze Völker oder wenigstens philosophische Schulen bekämpfen würden; man bemerkt gar [148] nicht, dass man A nicht eigentlich loben kann, ohne B zu verwerfen; — man lobt oder verwirft beides, — denn beides ist Mode oder nicht Mode.

Eine Mittelstufe der Bildung hat für den geselligen Verkehr den Vorteil vor der höhern, — mehr Sympathie zu finden und zu teilen. Man ist eben gebildet genug, um in den Ansichten, die sich von der des großen, rohen Haufens scheiden, die gleichsam ein Gemeinbesitz der Besseren sind, zusammenzutreffen; in ihnen begegnet und erkennt man sich, und es gibt ein erfreuliches Zusammenwirken von gemeinsamer Tendenz und individueller Verschiedenheit. Nicht so gut ergeht es dem, der sich in einsamer Stille auf einen Platz hingearbeitet hat, von wo diese Sympathien nicht mehr gelingen wollen.

Situation: Ein Mensch höherer Art und Bildung, in einen geringeren, aber komplizierten Kreis versetzt. Er muss hier auch erst anfangen und lernen: Der Dumme und Gemeine *aus* dieser Sphäre tut es ihm zuvor, und man weiß nicht, wer von Beiden der Gescheite ist. Da ist alles vergebens, sich auf Vernunft und höhern Sinn zu berufen: Man versteht diese Sprache nicht.

Situation: Des Demagogen als *Dupe* der Menge, die er entweder selbst düpieren will, oder der er sich opfert.

[149] Situation: Eines begabten, aber unerfahrenen Menschen, der ohne gründliche und folgerichtige Ausbildung *anticipando* urteilend, sich Ruf und Geltung der Genialität erwirbt, — und nun, durch Erfahrung und Nachbildung erst über sich aufgeklärt, einsieht, wie wenig er weiß, und wie sehr ihn diejenigen an solider Einsicht übertreffen, die ihn als Genie bewundern.

Maximen und Ansichten mancher Menschen, an und für sich hoch und wahr, sind oft, in Bezug auf diese ihre Verkünder und Bekenner, nur Krücken oder selbst Aushängeschilder, wodurch sie vor andern und vor sich *selbst* gewisse Einseitigkeiten oder Schwächen ihrer Individualität verbergen. (Oft ohne sich dessen recht bewusst zu sein.)

Man begehrt meistens nur deshalb Rat — um sich nicht entschließen zu dürfen. Wer sich entschließen kann, bedarf des Rates selten. Und es ist der beste Rat: Jeden auf sich selbst zu verweisen.

Es ist, Gott sei Dank, nicht wahr, dass von jeder Verleumdung dem Verleumdeten, sei er auch noch so rein, ein Makel kleben bleibe; vielmehr dem Verleumder, stelle er sich auch noch so rein, steht der untilgbare Makel mit völliger Gewissheit bevor.

[150] Das Haupt-Ergebnis, welches Reisen zuletzt gewähren, liegt darin, dass man lerne und sich gewöhne, sich auch zu Hause und überhaupt in der Welt als Fremdling zu betrachten und zu benehmen. Ein unschätzbarer Gewinn!

Seine Zeit verstehen und ihr Bedürfnis erkennen, heißt nicht bloß mit dem Strome schwimmen, sondern auch: Wissen, wo sie zu weit geht, wo es ihr gebricht. Der Lauf der Zeit beschreibt eine Spirale; es gibt immer einen Kern ernster, denkender Beobachter, und diese bilden die Achse, um welche sie sich bewegt. Auch die Achse ist eine fortschreitende Linie, — aber eine gerade.

Es ist gleich unangemessen, das weibliche wie das männliche Element ausschließlich gelten zu lassen. Die Männer sind wie die Konsonanten, die Frauen wie die Vokale im Alphabet der Gesellschaft. Jene bilden das Gerüste, ohne welches diese keine Stelle finden; sie sind hart, aber wesentlich und bestimmend. Mit den Vokalen allein kann man nicht sprechen, — höchstens etwas wie Gesang hervorbringen. Die Konsonanten taugen nicht zum Gesang, aber sprechen kann man auch nicht mit ihnen allein, — höchstens die *Schrift* (die Sprache für geistiges Bedürfen) wie die Orientalen; und da bedarf es des Harriketierens.

Man tut nicht Recht, gar zu sehr gegen die leeren Höflichkeitsphrasen und gesellschaftlichen Lügen, z. B. „ich [151] habe die Ehre", — „Euer Hochwohlgeboren", — „ganz ergebenst" u. dgl. — zu eifern. Eben das ist das Gute und Brauchbare an diesen Redensarten: Dass sie eigentlich *nichts* sagen, und so *offenbar* lügen. In einem idealen Zustande der Gesellschaft freilich müssen sie weg, — aber im jetzigen wäre man oft in der größten Verlegenheit, wenn man diese Phrasen durch solche ersetzen müsste, welche die Verhältnisse wahrhaft bezeichnen.

Wer öffentlich auftritt, muss, wie der Deklamator, die Schauspielerin usf., sich das Publikum als ihm geneigt vorstellen. Wie er sich seine Feinde gegenüber denkt, so wird er nicht mehr reüssieren, ja sein Debüt hat keinen Sinn mehr.

Witzigsein ist eine Koketterie des Verstandes. Es ist eine wichtige Aufgabe, hierin die rechte Linie zu treffen. Ein Schriftsteller ist am größten im Witze, wenn er den Verstand hat, nicht zu witzig zu sein; wenn er in jedem Satze etwas Treffendes sagt und nie, des Witzes willen, mehr als dieses Treffende sagt. Hippel, Börne und Mises sind, in ihren besten Schriften, hierin ausgezeichnet, und besser als Jean Paul, der oft, von sich selbst hingerissen, ins Humoristisch-Geschwätzige, Spielende verfällt. Jener bessere Witz freilich fordert Leser und Hörer, die wissen, *was* treffend ist.

[152] Derjenige kennt Welt und Menschen wenig, der dazu rät, die höheren Zwecke der Menschheit von den Dächern zu predigen. Wir haben es erlebt, was dabei herauskommt. Es gibt Mysterien der Sittlichkeit, wie der Religion; sie sind zu heilig und zu zart, um nicht an der Atmosphäre des Marktes ihre stille Wirksamkeit einzubüßen. Der blinde Haufe, der nie in sein Inneres schauen, geschweige denn sich selbst bezwingen gelernt hat, wird jene Geheimnisse zu schalen Phrasen missbrauchen, und gerade, je öfter er sie wiederholt, für umso längere Zeit ohnmächtig machen, indem er

ihnen ihren Kredit und ihre Würde raubt. Das Höchste und Beste ist nicht populär und kann es, seiner Natur nach, nicht sein.

Von Rechten deklamiert Jedermann, von Pflichten wird hübsch stillgeschwiegen; gut möchte man's haben; um's gut sein bekümmert sich niemand. Und doch! Wenn Jeder vor seiner Tür kehren wollte, — bedürfte es da einer Straßen-Reinigungs-Anstalt?

Aus dem Streite, der zu Kants Zeiten über die Rechtmäßigkeit oder Unrechtmäßigkeit der Revolutionen geführt worden ist, hat sich ergeben, was unsere eigene Erfahrung nun so eisern bekräftigt hat: Dass in Fällen, wo die Revolution unvermeidlich ist, alles darauf ankommt, den Zwischenraum *ohne* Gesetz (zwischen dem Aufhören der alten und dem Eintreten der neuen Regierung), — diesen eigentlichen, unableugbaren, wahren Grundsatz der [153] Kantischen Ansicht, — möglichst gleich Null zu machen. Ist einmal diese Aufgabe, in ihrer ganzen Wichtigkeit und Bedeutung, den Völkern zum Bewusstsein gekommen, dann braucht kein Staat mehr vor Revolutionen zu zittern.

Übrigens liegt ein Trost für die spätern Völker darin, dass die Herrschaft des *Gesetzes* eben den Begriff des konstitutionellen Staates ausmacht, — also verderbliche Revolutionen nur *einmal* — nämlich zum Übergange aus der absoluten in die konstitutionelle Regierung, — statthaben können. Und wie lange werden noch überhaupt solche Übergänge nötig sein?

Bei Umstaltungen absoluter Monarchien in konstitutionelle hat das Zweikammersystem vor dem *einer* Kammer nebst den übrigen bekannten Vorteilen (größerer Reife der Gesetzgebung usw.) auch den, dass es die Reaktion von Seiten der bisherigen Regierung vermindert und jedenfalls weniger zu heimlichen Umtrieben veranlasst, da die Regierung bei dem Zweikammersysteme sich öffentlich mitvertreten sieht.

Der erste Schritt zur Konstituierung hätte also eigentlich überall von den Regierungen ausgehen sollen: Durch Verantwortlicherklärung der Minister, Gründung und Erweiterung der ständischen Institute. *Diese* mussten den natürlich-gesetzlichen Übergang zur Volks-Selbstvertretung anbahnen.

[154] Es kommt weniger auf den *Verstand* als auf dessen *Gegenwärtigkeit* an. (Schneller Überblick, Bereitsein, Entschiedenheit, Keckheit.)

Der *Leitende sollte* zwei Eigenschaften haben (die er nicht hat):
Anerkennung und Gebrauch der vorhandenen Kräfte;
Geltenlassen der Ansichten und Leistungen und ihrer Eigenheit;
Geist und Ansicht (die er selbst hat) kommt ihm nur als *Mitglied* zu Gute.

Indifferenz, — von nun an! Alles im Stillen; nicht durch Gewalt, sondern durch Folge!

Es liegt in der Natur der Sache, und die Geschichte lehrt es uns täglich: Dass Reinheit der sittlichen Gesinnung und Ernst im Denken, — wenn sie in Lebensverhältnissen öffentlich werden, — als *Pedantismus* erscheinen. Wenn man dem Vortrefflichen und Gründlichen irgendeinen Schatten anzuheften Lust hat, so wählt man immer die Bezeichnung „pedantisch". So musste sich Salvandy selbst bei dem tiefsten Ernst, womit er im Leben verfährt, den Vorwurf des Pedantismus gefallen lassen.

[155]   Das Kleine in einem großen Sinne behandeln, ist Hoheit des Geistes; das Kleine für groß und wichtig *halten*, ist Pedantismus.

Klein ist der Prahler, der, große Reden im Munde (Menschheit, Freiheit, Recht, Staat), wie ein Knabe mit Welten spielen will. Klar sieht der Kenner der Welt und der Menschen, der wie Goethe, sich über diese keine Illusionen macht, und — auf die Gefahr hin, Philister gescholten zu werden — ruhig bleibt. *Groß* aber ist der, welcher alles das kennt und fühlt, und sich nicht irren lässt und wirkt: *le regard attaché à une é oile qui seul & (& salv.)*

Eine Kommunität mit unverantwortlichen Vorständen ist despotisch regiert. Eine Kommunität, welche ihre Vorstände, ohne Achtung und Vertrauen gegen sie, beständig zur Verantwortung zieht, ist gar nicht regiert. Ohne Freiheit gibt es keinen Fortschritt, ohne Gehorsam keine Gesetzlichkeit, keine Freiheit. Das kann freilich nur auf einem höhern als dem gemeinen Standpunkte begriffen werden; nur von Jenem, der den Wert der Sittlichkeit, die auf Selbstüberwindung beruht, verstehen gelernt hat.

Gibt es noch heutzutage Jemanden, der da glaubt, dass eine Majorität *je gerecht* sein werde, — sein könne? „Aber der Einzelne eben so wenig!" Also der Einzelne, unterstützt von Wenigen, wo möglich, den Besten.

[156]   „Die edlere Seele unfähiger Menschen zu leiten." (Meyern.) — Menschen edleren Sinnes eignen sich wohl ganz gut zur Leitung. Nur müssen sie, bloß unter der Herrschaft des Gesetzes, hoch genug über den zu

Leitenden stehen. Sie sind sonst nicht fähig, ihren Ansichten Geltung zu verschaffen. Sie müssen von oben herab wirken; von unten hinauf dringen sie nicht durch. Wer soll sie verstehen?

Welche Situation für einen honetten Menschen von Einsicht: Sich für *das* loben zu hören, was er innerlich selbst missbilligen muss, — das vertreten zu müssen, was er nicht gut heißen kann! Das ist die Situation dessen, der sich demokratisch verpflichtet hat.

Welche sittliche Prüfung für *denselben*, für jeden seiner bessern Ratschläge, für jede reinere Tat — Tadel und Nachteil zu erfahren!

Es ist sowohl für den Vollziehenden, als vorzüglich für den Leitenden und Gesetzgebenden eine Hauptaufgabe, der er gewachsen sein muss, und die ich täglich verfehlen sehe: Den rechten Punkt zwischen Oberflächlichkeit und kleinlichem Detail zu treffen. Wer gar zu genau sein, alles erwägen, nichts übersehen will, — übersieht gewöhnlich gerade die Hauptsache, auf die es eben ankommt. Die Angelegenheit wird verworren, Zeit verloren, und ein rei-[157]ner, entschiedener Abschluss verhindert, verzögert und zuletzt doch übereilt. So wie der Witz, so ist manchmal eine gewisse Freiheit und Leichtigkeit das Heil der Geschäftsführung.

Unglücklicher Gedanke, diejenigen, die eine Sache verstehen, vor Jenen verantwortlich zu machen, die nichts davon verstehen.

Alle bisherigen Umwälzungen haben gelehrt: Dass die Herrscher das Herrschen, die Beherrschten das Sichbeherrschen nicht verstanden. Beide aber tun, als hätten sie diese Lehre nie erhalten; man sieht wohl, — sie wollen sie nicht verstanden haben.

Das Volk? Das Volk! Wer ist denn das Volk? Jene, die durch Intrigen gewählt, das laute Wort auf den Bänken führen? Nein! Jene, die schweigend und sorgenvoll zu Hause sitzen und erwarten, wie man ihre Bedürfnisse erforschen, erkennen, befriedigen, ihre Zustände garantieren wird.

Zwei Bedingungen sind unerlässlich, wenn die rein demokratische Beratungsform Heil bringen soll: Strengste Bescheidenheit der Beratenden, und Beteiligung derselben bei der Ausführung der von ihnen gefassten Beschlüsse. Wenn sie denken, ehe sie votieren, — und Handeln müssen, nachdem sie beschlossen — werden sie beschließen, was sie vertreten können.

[158] Wer sich die große Aufgabe der Reform setzt, legitimiere sich vor allem durch Beweise seiner Selbstbeherrschung. Ruhe und Gesetzlichkeit sind die Grundpfeiler seines Baues; ohne sie stürzt er zusammen, ehe er vollendet ist.

Man hält gemeiniglich Leute für kräftig, die beständig widersprechen. Und in der Tat ist steter Kampf, rastlose Polemik das Lieblingselement starker Charaktere — denen es an höherer Einsicht gebricht.

Kriterium: Wer darauf besteht, Recht zu haben, hat zuverlässig Unrecht.

So lange noch über Ansichten und Meinungen gestritten wird, ist sich doch Jeder, wie die zuhörende Gesamtheit, noch der leitenden Prinzipien bewusst. Wenn man aber, um den bloßen Meinungen zu entgehen, sich an den Wortlaut des Gesetzes wendet, — da geht die Konfusion erst recht an, denn nun kommt das *Auslegen*; und was die Debatte schlichten sollte, verwirrt sie unauflöslich.

Bei mündlichen öffentlichen Debatten fällt mir oft genug die Schmähung der Staël über Goethe ein, als er bei der plötzlichen Nachricht eines folgenreichen Kriegs-Ereignisses nichts „Schlagendes" zu sagen wusste. Wie manches „nur zu schlagende Wort" wurde öffentlich, im Leichtsinne des Augenblicks, ausgesprochen, — das zum Heile [159] der Völker, — wenn der Sprecher die Sachlage zu Hause, in tiefster abgezogener Stille, auf dem Papiere, ruhig sich hätte zurechtlegen können, — unausgesprochen geblieben oder besser ausgesprochen worden wäre!

Alles wahrhaft Große macht den Effekt von Ruhe, weil es eine Harmonie von Kräften voraussetzt, und weil es nicht ohne Verstand, das mäßigende Prinzip, sein kann. Harmonie will nicht sagen: Koordination der Kräfte; sie kann auch durch angemessene Subordination, als Sieg, statt der Ausgleichung entstehen. Meisterschaft erscheint deshalb wie Kälte; die Gefühlsübertreibungen des Dilettantismus sind bekannt.

Große Wirkungen gehen oft von Solchen aus, die sich beständig in einer Art Rausch, — und von Solchen, die sich beständig in einer unbewegbaren Nüchternheit zu erhalten fähig sind.

Pflicht ist es für den Bürger, sich zu *stellen*, wenn der Staat ihn fordert, nie aber kann es Pflicht sein, sich zu einer Mission *anzutragen*, der man sich nicht vorzugsweise gewachsen, zu der man sich mindestens berufen fühlt.

In der guten Gesellschaft spricht man, wenn man gefragt wird, oder wenn man etwas zu sagen hat, was wirklich neu, nützlich oder doch anziehend ist. Soll die [160] gewählte Repräsentation eines ganzen Volkes eine minder gute Gesellschaft sein? Man hört hie und da von einer unpassenden, jungfräulichen Bescheidenheit! Wann war Bescheidenheit je unpassend?! Wenn jeder nur spräche, wo er wirklich etwas zu *sagen* hat... wo wäre die Menschheit schon?

Geschichte und Betrachtung stellen die Wahrheit des Satzes heraus, den schon Thukydides dem Kleon in den Mund legte: Dass geistreiche und lebhafte Völker viel weniger für die demokratische Form geeignet sind, als einfache, anspruchslose, ruhige. Man vergleiche für jenen Fall Athen, Paris, Italien; für diesen: Holland, England, Amerika. Wie könnte es auch anders sein, — wenn das Gesetz und nicht das Genie des Einzelnen, walten und entscheiden soll?

Alles, was auf die Masse und den Augenblick als groß und erstaunlich wirkt, beruht auf Illusionen. Völlige Enttäuschung unternimmt nichts.

Bei aller Polemik ist es das Üble, dass man aus seiner innern Ungetrübtheit herausgehen, sich mit fremden Elementen mischen muss. Wie will man die Waffen der Klarheit, — des reinen Verstandes gegen den Unsinn, — die der Sittlichkeit gegen ihre Verächter geltend machen? Wird man der Verführung widersteh'n, fremde zu Hilfe zu nehmen? Und wenn — wie will sich der reine Tropfen [161] in der gärenden Hefe erhalten? *Vincam sive vincar, semper maculor.*

Es erfordert jetzt die größte Kühnheit, — nicht kühn zu sein. Kühnheit ist in der Opposition; Opposition ist in der Majorität; welcher Mut gehört dazu, auf die Gefahr hin, verkannt, verlästert, feige gescholten zu werden, sich der Mehrheit zu widersetzen! Gegen den Strom zu schwimmen! Und doch war das von jeher das Gefühl edlerer Geister, sich des Schwächeren, der Minorität anzunehmen. *Victrix causa placuit diis, victa Catoni.*

Wer die Machthaber angreift, braucht wenig Mut, denn er hat den Hinterhalt der öffentlichen Meinung, der Majorität für sich, deren Zuklatschens er gewiss sein kann. Echten Mutes bedarf es, auch auf die Gefahr hin, für illiberal zu gelten, seiner Überzeugung treu, sie zu bekennen, und der Menge die Wahrheit ins Gesicht zu sagen.

Wer einigermaßen mit Welt und Menschen bekannt ist, der weiß, dass diesen mit nichts so schlecht gedient ist, als mit dem Ratgeben und Ratnehmen. Man kann nichts gut und erfolgreich machen, als was man sich selbst geraten hat; man kann niemandem gut und erfolgreich raten, was er machen soll. Wie muss es also erst mit Beratungen Mehrerer, ja Vieler durch Viele, beschaffen sein! Was lässt sich von ihnen für ein Ergebnis erwarten? Die tägliche Erfahrung antwortet jedem Beobachter der Welt-[162]zustände darauf, und lehrt den Denker, das Resultat auf größere Verhältnisse übertragen. Es gibt nur zwei Zwecke, und ihnen angemessene Formen, zu und in welchen sich Menschen fruchtbar vereinen mögen: Die geteilte und verbundene *Arbeit*, und die Einigung zum *Sittlichen*, im reinmenschlichen Sinne.

Wer ein Amt oder eine bedeutende Stelle antritt, sollte sich's zum Gesetze machen, wenigstens ein Jahr lang ganz in der Form zu amtieren wie sein Vorgänger. Man erneut erst dann gründlich, wenn man das Alte aus eigener Praxis gründlich kennt. Man kann dann auch den Fortschritt erzielen, ohne Reaktion zu erregen. Formen und Übungen haben überhaupt einen moralischen Wert, den der Weltkenner hoch genug anzuschlagen weiß.

Wie Viele schwören noch zu den Fahnen der „Neuerung" — unter dem Vorwande, ja mit dem unschuldigen Glauben, dem „Fortschritte" zuzuschwören!

Völlig legale Menschen, die sich nie einen Verstoß gegen den Buchstaben, der die Welt regiert, zuschulden kommen lassen, und solche Verstöße an andern bemerken und rügen, sind entweder bornierte oder falsche Menschen. Der frei denkende, helle, schuldlose, hohe Geist kennt diese kleinliche Behutsamkeit nicht, und schätzt auch an andern den Geist mehr als das Wort. So wird er oft das be-[163]klagenswerte, edle Schlachtopfer der Niedrigkeit. (Egmont, G.) Es waltet aber auch hier eine Nemesis, — teils in seinem Innern, teils in der Geschichte und in der Welt, die ihn umlebt.

Denn am Ende ist es doch der Buchstabe, der in der Welt, wie sie ist, das Gesetz vertritt; und so tritt auch hier wieder jener merkwürdige Kreislauf ein, den wir in den menschlichen Problemen so oft bemerken:

Man sieht sich gezwungen — um des Prinzipes willen das Prinzip zu vergessen oder ihm zeitweise zu entsagen. Das positive Gesetz repräsentiert in der realen Welt das Gesetz überhaupt: *Darum* muss es heilig gehalten, und überhaupt gehalten werden. Wo bliebe bei Ausnahmen und Auslegungen das Richtmaß? (Diese Wahrheit hat Diderot in kleinen Erzählungen gut veranschaulicht, Kant in seiner Lehre von Revolutionen festgehalten.) Die *Gesetzlichkeit*, als Prinzip, mit Bewusstsein anerkannt und geübt, bringt die Bürgschaft der Entwicklung zur wahren Freiheit mit sich, — denn diese kann nur durch Selbstbeherrschung erreicht und gedacht werden. Alle Willkür ist Tyrannei, — Freiheit ist nur im Entsagen.

Das ehrwürdige Institut der Maurerei, in seiner alten, einfachen Form, enthält das Musterbild für alle und jede gesellschaftliche Verbindung. Je mehr eine solche (heiße sie Staat, Kirche, Zunft, etc.) an Sinn und Einrichtung ihr gleicht, desto besser ist sie.

[164] „Scheinheiligkeit" — sagte der oft verkannte Rochefoucauld — „ist ein Tribut, den das Leben der Tugend bringt." Ebenso ist das Fordern von Rechten (und wer fordert sie nicht?) eine indirekte Anerkennung der Pflichten; also eine Selbstanklage, wenn man sie nicht erfüllt.

Warum unterscheidet man unnötig Billigkeit und Gerechtigkeit? Billigkeit ist die, auf alle nur irgend erforschlichen Verhältnisse des konkreten Falles Rücksicht nehmende, — also die wahre Gerechtigkeit.

Die Rechtspflege freilich ist oft genug genötigt, von solchen Verhältnissen zu abstrahieren, weil das positive Gesetz abstrakt ist. Aber diese Nötigung ist eben ein Beweis der Unzulänglichkeit des positiven Zustandes, und alle Gesetze sind Flickwerk, verglichen mit dem, das aus der Erkenntnis der Natur und sittlichen Bestimmung des Menschen hervorgeht. Das Reich Gottes ist das erste.

Das juridische Prinzip muss immer als bloßes Ressort des ethischen betrachtet werden; denn es gibt keine wahren Rechte als die, welche auf Pflichten beruhen.

Hierin liegt überhaupt die Antwort auf die vielen Fragen: Von „rechtlich" und „bloß legal" — Natur-Recht und übereinkünftigem, — Moral und Recht usw." — Die *Rechts-Idee*, als solche, fließt aus der sittlichen, da es [165] nur der Pflichten wegen Rechte gibt, alles Übrige reduziert sich auf einen konventionellen Rechts*begriff*.

Den Geist und seine Sphäre berühren Rechtsverhältnisse gar nicht. Ihn betreffen nur sittliche und intellektuelle. Rechte haben heißt: Von andern nicht beeinträchtigt werden dürfen. Es ist eine wechselseitige Begrenzung. Der Geist kann nicht beeinträchtigt noch begrenzt werden — als durch seine Unzulänglichkeit. Er ist Position, das Recht Negation. „Ich habe ein Recht auf Dieses oder Jenes" heißt: „Du darfst es mir nicht nehmen." Doch aber sagen wir: „Das ist unrecht" und — meinen damit nicht, dass es ungesetzlich sei. Ist das nur ein fehlerhafter Ausdruck? Oder gibt es, neben dem moralischen auch noch ein juridisches Gewissen? Oder führt uns das *höher* hinauf — zu einem Ersten und Letzten, das über alle diese Verhältnisse hinausgeht, das wir nur in einem unmittelbaren Bewusstsein auffassen?

Der Begriff von Bürokratie ist: Verwechslung von Zweck und Mittel. Wo das Büro *herrscht*, da ist es nicht *für* den Staatsbürger da, um dessentwillen es doch errichtet ist. Da wird es dem Klagenden, Bittenden, Prozessführenden, Erbenden, Reisenden, etc. schlecht gehen. Aber das Publikum muss auch wieder bedenken, dass das Büro ein, sein Interesse zu fördern eingerichteter Organismus ist, der auch als solcher in seiner Totalität und Bewegung nicht durch den Einzelnen gestört noch gehemmt [166] werden darf, wenn nicht das Ganze, der höchste Begriff des Staates, darunter leiden soll. *Dieses* ist Zweck, alles andere Mittel: Keines soll herrschen, alles zusammenwirken. Dieses „sich im Ganzen denken" ist die erste Pflicht und Aufgabe der Einzelnen, zu der sie freilich erst — und schwer genug — erzogen werden müssen.

Der Büro*kratismus* ist dann vollkommen, wenn die Menge und der Formalismus der positiven Gesetze und Usanzen so groß ist, dass überall Mittel gegeben sind, Vernunft und Billigkeit als ungesetzlich herauszudemonstrieren und für Gewalt und egoistische Manöver sichernde Formen zu finden. Das kann in jeder Verfassungsform statthaben. Am schlimmsten aber in der demokratischen, wo die gezählte, nicht die gewogene Majorität das Gesetz gibt, — Rhetorik und allgemeine Leidenschaft es auslegen. (Unfehlbarkeit des Papstes mit tausend Kronen.)

Wenn *Immermann* je etwas Wahres und Treffendes gesagt hat, so ist es das: Dass hinter dem deutschen Jugendheroismus nichts als der Philister steckt, der innerlich juckt und hinaus will, und auch wirklich über kurz oder lang zu Tage kommt. Geschichte, Literatur und Leben bestätigen diesen Ausspruch immer glänzender und erweitern ihn zu einer tiefern, allgemeinen Wahrheit.

[167] Von wissenschaftlichen Akademien ist nur unter drei Bedingungen etwas zu erwarten:

1. Freiheit, sich zu bewegen. Hierher gehören sowohl die finanziellen Mittel, als die Freiheit von bürokratischem und jedem andern, nicht wissenschaftlichen Einflusse.
2. Sorgfältigste Wahl der Mitglieder, als höchstes, erreichbares Ehrenziel beglaubigter Verdienste. Sonst ist die Staatsausgabe Verschwendung, und die Freiheit ein verderbliches Privilegium.
3. Einheit in der Art des wissenschaftlichen Wirkens; als leitendes Gestirn der Fahrt. Sonst wird man scheitern oder — festsitzen.

Diejenigen Akademien, die aus selbstständigen, freien Wahlen hervorgehen und, ohne Anspruch auf Sold, ihr Wirken der Sache, nicht den Formen widmen: Werden fähig sein, wirklich etwas zu fördern. Die vom Staate unterhaltenen mögen immerhin ihre formelle Aufgabe erfüllen; der Wissenschaft — dort, wo sie es noch bedarf — eine politische Geltung, einen Platz, einen Rang im Staate zu erobern, zu bewahren.

Geistiges Eigentum? Geistiges Recht? Die Frage an sich, an die Stelle der Frage über die Verhältnisse des Schriftstellers, Künstlers usf. im Staate gesetzt, scheint mir die Sachlage zu verwirren, die Auflösung unmöglich zu machen, also ganz unpraktisch zu sein.

[168] Wer einmal den Begriff „Geist" rein gefasst hat, sieht wohl ein, dass in dieser Region von keinem Eigentume noch Rechte die Rede sein kann. Nicht der Geist besitzt die Ideen, sondern die Ideen besitzen ihn; oder eigentlicher: Es findet hier gar kein Besitz statt. Eines ist das Andere; und wollte man ja das, was die geistige Tätigkeit durch Schaffen und Aneignen gleichsam in sich verwandelt, wovon sie wächst und wirksamer wird, ihren Besitz nennen, — wer könnte ihr diesen nehmen? Ein solches Eigentum, mit der Persönlichkeit Eins und dasselbe, ist unveräußerlich und vor Nachdruck sicher. — Auch Rechte gibt es so wenig im Reiche des Geistes als der Natur. In beiden gilt, überall in anderem Sinne, das Recht des Stärkern. Wer will und möchte einer stärkern, d. i. edleren Persönlichkeit den Einfluss auf eine gemeinere, schwächere, nehmen oder imputieren? Wollte man, in dieser

abstrakten Sphäre, die Freiheit des geistigen Seins und Wirkens irgend beschränken — zu welchen Konsequenzen würde das führen?

Man spricht aber von verkörperten Produkten des Geistes, die gleichsam ein Gemisch von Geist und Stoff darstellen sollen. Das verstehe ich nicht. Ein solches Gemisch ist der Mensch selbst: Als solcher gehört er in die Gesellschaft und hat Rechte in ihr. Als ein solches Recht auch nur kann ich die Ansprüche betrachten, welche Schriftsteller rücksichtlich der Vervielfältigung oder des Gebrauches ihrer Werke an ihre Bevollmächtigten, die Verleger, machen. Es ist ein persönliches Recht, nicht ein Besitz. Dieser betrifft nur die Sache, d. i. die Exemplare. So [169] hat, glaube ich, auch Kant diese Frage angesehen. Dieses Vollmachtsrecht muss von den Staaten so lange anerkannt und sanktioniert werden, als es Menschen gibt, welche Bücher, Gemälde usw. als Mittel ihres Erwerbes betrachten. Alles, was über diese Vollmacht hinausgeht, was zu wenig an Sachen gebunden ist, um *speci et facti* zu sein, z. B. Prioritätsleugnung, Plagiat, usw. sind Schwierigkeiten, die an der, vielleicht unpassenden Wahl eines solchen Erwerbes haften. Darf der Schriftsteller für den geistigen Gehalt seiner Leistungen einen Lohn fordern? Ja: Anerkennung, Wirkung, vielleicht Geltung im Staate. Der materielle gehört dem Verleger, dem der Autor durch die Vollmacht, seine Werke zu vervielfältigen, einen solchen möglich macht, — für welche Vollmacht dieser sich vielleicht ein Honorar für sich oder die Seinen, vertrags- oder einem positiven Gesetze gemäß, bedingen mag. Weiter scheint mir nicht gegangen werden zu können.

Das sogenannte, allgemeine Beste einer menschlichen Gesamtheit kann nie durch gemeinsame Beratung der letztern, sondern nur durch Gesetze von oben herab zu erzielen sein. Denkt man sich unter dem allgemeinen Besten den Vorteil aller, d. i. jedes Einzelnen, so werden sich diese Vorteile der Einzelnen widersprechen und kein Resultat fürs Ganze geben. Denkt man sich darunter die Aufopferung des Einzelvorteils, so werden die Einzelnen sich schwerlich dazu verstehen. Nicht vom Genusse der Rechte — nur vom Begriffe der Pflichten kann die wahre Ma-[170]xime des allgemeinen Besten ausgehen. Dieser Begriff liegt aber nur im Gesetze, welches nicht beraten, sondern anerkannt werden muss.

Da nun diese Beratung durch Alle nicht ausführbar, das Gesetz von oben nicht zu erwarten ist, — was bleibt, als: Beratung durch Wenige? Durch die Besten! Wer kann aber diese ermitteln, — als das Experiment fortgesetzter Vertrauungswahlen? — Geduld also, bis sie sich bewähren, —

und bis dahin: Jeder in seinem Kreise das Nächste getan; das Böse bestritten, das Rechte gelehrt und geübt!

Das Gleichnis von der Spirallinie im menschlichen Fortschreiten ist das befriedigendste, das ich kenne. Es gibt hier Rückbewegungen, die aber doch zugleich vorwärts führen. Man sieht auch, zwar nicht das Gewesene, aber doch die Sphäre seines Wesens wiederkehren; man kommt in dieselbe Gegend wieder zurück, wo man schon war, — nur auf einem höhern Standpunkte, von welchem aus man sie übersieht.

Wenn man vom Mündigwerden der Völker spricht, so vergesse man nicht, dass es immer unmündige Menschen, — eine Jugend und einen Pöbel — in ihnen geben wird.

Wahlgesetz — ist der Anker, den das Schiff des Staates, vom Sturm des Despotismus und der Anarchie [171] sich rettend, nach dem Hafen der Freiheit auswirft. Der Anker war von jeher das Sinnbild — des Vertrauens; und gibt es für eine (zumal eine erste) Wahl ein anderes Prinzip als — das Vertrauen? Kann irgendein Zensus irgendeine Kandidatur, ein Programm, ein Mandat, ein Credo zum Maßstabe dienen? Kann die Intelligenz durch die mindere Intelligenz *per majora* beurteilt werden? — Woher aber das Vertrauen — ohne allen geschichtlichen Anhaltspunkt? Woher — als: Auf die sittliche Basis gebaut? So ruft uns, beim Anfange und bei der Vollendung der staatlichen Aufgabe, immer und immer wieder, Erfahrung, Vernunft und Gefühl das Alpha und Omega der Menschheit zu: Gut sein ist die einzige Bürgschaft der Gesellschaft.

Revolution! Wenn man darunter die zur Evidenz erhobene Stimme der Volksmajorität, das laut gewordene Selbstbewusstsein der Nation versteht, vor welchem die in der Erkenntnis zurückgebliebene, bisherige Exekutivgewalt schweigen, und der alte Vertrag, nach dem erkannten, höherem Rechtsgesetze, umgeschrieben werden muss, — wer kennt einen anderen Weg des Fortschrittes für die in Staaten gesonderte Menschheit? Diese Revolution geschieht und muss geschehen — durch Überzeugung. Niemand kann ihr widerstehen, wenn diese allgemein ist. Aber durch Waffen wird niemand überzeugt. Wir verachten das Faustrecht roher Völker, wir beklagen die Gottesurteile des Mittelalters, die das Schwert ausspracht, wir belächeln das Duell der Neuzeit, welches durch den Degen bewei-[172]sen soll, wer Recht oder Unrecht hat — und noch wollen Völker, gebildete Völker, ihre Verfassung auf dem Duellwege ändern? Ihren Kontrakt *à la Brennus*, mit dem Schwerte umschreiben? Wo sind wir noch?

„Aber — höre ich — wenn man dem „lautgewordenen Bewusstsein Kanonen" entgegensetzt?"... Sprecht es immerhin laut und einstimmig aus, was die Zeit und das ewige Recht unausweichlich fordern, — sprecht es fest und einstimmig aus, dass Ihr mit eurem Leben für diese Überzeugung einstehen werdet, wenn die Tyrannei der Minorität eine Offensive gegen den Ruf der gesamten Nation ergriffe, — und wartet ruhig und entschlossen ab, ob sie den Angriff wagen wird!

Eines der entschiedensten Hemmnisse für die reine und vollendete Durchführung wahrhaft freisinniger Revolutionen liegt gewiss in der Seltenheit von Charakteren, welche den Geist des Liberalismus und das Talent des Regierens in sich vereinen. Wenn solche da sind und an die Spitze treten, so ist der Sieg des Fortschrittes verbürgt. Noch eins: Wenn sie gleich *anfangs* an die Spitze treten und das Befreiungswerk noch unter ihren Händen durchgeführt wird. Wie sie einer Reaktion oder talentlosen Demagogen weichen — ist Despotismus oder Anarchie vor der Tür.

Nur in den günstigsten Fällen möchte es sich ereignen, dass eine Revolution, von Leidenschaft und Gewalt-[173]samkeit veranlasst, den höhern Gemeingeist oder das Talent und den Charakter der Befähigten erweckt und so zu einer gedeihlichen Entwicklung den Keim legt.

Für eine konstitutionelle Erbmonarchie kann nichts wichtiger sein als die Erziehung der künftigen Thronfolger. Diese sollte bei der Gründung einer Konstitution eines der ersten und dringendsten Augenmerke der Gesetzgebung sein. In der Prinzen-Erziehung liegt die Garantie einer repräsentativen Monarchie. Sie muss von der Nation in die Hände genommen, gesichert, bewahrt werden; am Hofe des Monarchen muss die gesunde Luft der Freiheit wehen, wenn Fürst und Volk kräftig mitsammen gedeihen sollen.

Ich bin von der praktischen Untunlichkeit, die Todesstrafe aufzuheben, so überzeugt als irgendein Positivist. Aber — was ist von dem Zustande einer Menschheit zu denken, in welcher sich *Henker* finden? Von einem Zustande, der ihren Beruf und ihren Unterricht rechtfertigt?

Soll auch Intoleranz toleriert werden? Soll man den Fanatismus der Parteien, so gut wie die Parteien selbst gewähren lassen? Soll Indifferentismus an die Stelle der Ruhe durch gesetzliche Unterordnung treten?

Wer öffentlich zu reden hat, muss sich besonders bemühen, für seine Sache und ihr Motiv den kürzesten, be-[174]stimmtesten und populärsten Ausdruck zu finden, um ihn im rechten Augenblicke frisch und warm anzubringen. An der schönsten Rede, sei sie noch so lang, — wenn sie wirkte, ist es doch nur das letzte Wort, das gesiegt hat. Und dieses Wort, misslungen, hätte alles Frühere paralysiert. Durch die Kraft des Momentes richtet oft der Mittelmäßige mehr aus, als der überdachteste Plan.

Mit den Wirkungen der Beredsamkeit beginnt jede Entwicklung der Freiheit im Staate; aber erst, wenn diese Wirkungen nicht mehr wirken, ist die Freiheit entwickelt, ist sie errungen. Darum Heil der Volksversammlung, in welcher das schlichte, bündige, bescheidene Wort der Wahrheit den Glanz des Redners überwindet und vergessen macht.

Die demokratische Form wird dann vollendet, und ihr Zweck dann erfüllt sein, wenn ein Volksbeschluss feststehen wird: Dass bei Ausbrüchen der Leidenschaft, Ausfällen des Witzes und deklamatorischen Wendungen „zur Ordnung" gerufen wird.

Das haltet nur immer fest: Freiheit ist nur im Gesetze; und dieses nur in der Form; und diese nur im Geiste. Darum: Wo der Geist des Herrn ist, da ist Freiheit. Willkür des Einzelnen oder einer Gesamtheit ist Despotismus; sein Äußerstes: Anarchie, die Willkür Aller. — Das Ideal der Verfassungen ist die Monarchie [175] des Geistes; eine theokratische Republik, in welcher die Stimmen nicht gezählt, sondern gewogen werden, in welcher die Selbstbeherrschung alle andere Herrschaft bedingt, in welcher die materielle Ordnung einer höhern sich unterordnet.

Man verwechselt nur zu oft „Herrschaft der Masse" mit Freiheit, „Aufhebung der Unterscheidungen" mit Gleichheit. Nur im Gesetze und vor ihm ist wahre Freiheit und wahre Gleichheit.

Auf der einen Seite steht das verjährte Alte, auf der andern das unreife Neue. Aber das Schlimmste ist die Parteisucht, die im Grunde gleichgültig gegen Jenes und Dieses, nur das persönliche Interesse im Auge, zwischen beiden den Hader perpetuiert; nach dem Wahlspruche: „*Divide et impera!*"

Es ist sehr interessant, die Wechselverhältnisse gewisser Begriffe und Institutionen geschichtlich und theoretisch sich klar zu machen, welche, indem sie bald in Widerspruch, bald in Verbindung miteinander zu treten scheinen, die Wahrheit bestätigen: Dass dieselben Formen einer verschiedenen Sache, dieselbe Sache verschiedenen Formen angeeignet werden könne; dass also eine Institution bald eine liberale, bald dieselbe eine ultramontane sein könne; dass man also über eine Gesinnung nicht durch Meinungen und Vorschläge aburteilen dürfe usw.

[176]   Diese Bemerkungen drängen sich wieder auf, wenn man die Begriffe: Zunft, Gemeinde, Repräsentativ-Verfassung auf ihre Entstehung zurück und in ihre Entwicklung fort verfolgt. Auf die Bildung der Innungen in der Zeit des mittelalterlichen Gewerbfleißes wurde die Form der meisten städtischen Gemeindeverfassungen gegründet. Wo diese im volkstümlichstem Geiste erstanden, hielten sie das Prinzip der Körperschaften am innigsten fest. Die Gemeindeverfassung ist wieder die Grundlage der konstitutionellen Landesverfassung. So gestaltete sich der Hergang geschichtlich; der Fortgang der Entwicklung zeigt unabweislich, wie mit der höhern Ausbildung der Repräsentativ-Verfassung und des freien Staatslebens im Ganzen, das Innungsprinzip zerfallen, und dem höhern, dem es selbst den Weg gebahnt, weichen müsse. In der Übergangsperiode verwickeln sich vielfach die Verhältnisse beider, und in vielfachen Beziehungen kehrt die Frage wieder: Wie stellt sich *hier* und *hier* der Anspruch des Korporations-Rechtes zu den Ansprüchen des allgemeinen Rechtes heraus?

Ist es nicht analog mit den Verhältnissen provinzieller Nationalitäten zu ihren historischen Gesamtstaaten, — die uns so viel zu schaffen machen? Aus der Menschheit im Ganzen sonderten sich die Vaterländer; *in* die Menschheit werden sie sich auflösen. Bis dahin — bleibt die Frage: Wie stellt sich *hier* und *hier* die Zweckmäßigkeit des Selbstbestandes oder Anschlusses heraus?

[177]   Überall, im Ethischen, Natürlichen, Politischen und Religiösen tut sich diese alte Trias wieder als ein prototypisches Schema hervor, das jedenfalls anleiten und bestätigen kann: Element, Verbindung, Wiederauflösung; vereinzelte Menschheit, Staat, verbundene Menschheit; Paradies, Erde,

Himmel, — oder wie man diese Zustände sonst bezeichnen und sich ausmalen will. Es ist immer Ausgang, Fortschritt, Rückkehr in höherem Sinne.

Man will, in der Meinung, die Rechte unverkümmert zu bewahren, nichts von Vorrechten wissen. Ein unglücklicher Missgriff! Alle Rechte müssen aus Pflichten abgeleitet werden. So lange es Vorpflichten gibt, muss es Vorrechte geben. Vorpflichten gibt es, so lange menschliche Angelegenheiten der Leiter, Gesetzgeber, Gesetzverwalter bedürfen. Wird diese Zeit enden, dann werden die Vorrechte zum Unrecht geworden sein. Bis dahin sind sie die höchsten, die heiligen Rechte.

Es ist eine der intrikatesten Aufgaben bei Revolutionen oder auch nur Reformen: Das geschichtliche Recht festzusetzen und zu begrenzen. Es ganz aufheben und den Bau von vorne anfangen, heißt die Gesellschaft umstürzen und vernichten; es schonen, heißt ihren Fortschritt verunmöglichen. Es wird also Anspruch und Besitz unterschieden werden müssen; gleichsam vergangenes und gegenwärtiges Recht, Privilegium (Rechtstitel) und Eigentum. Jenes [178] muss aufhören, dieses dem noch existierenden Besitze bleiben, oder er für sein Opfer entschädigt werden. Die Zünfte z. B., als solche, sind aufzuheben, die bestehenden Zunftgerechtsame ihren Besitzern abzulösen, Steuern abzuschaffen; dagegen ihre Ersatzmittel anzuweisen usw. Wendet man das auf alle einzelnen derartigen Verhältnisse an, welche Ausgaben ergeben sich daraus!

Der Hauptgewinn des Assoziationswesens besteht darin, dass es den Unsinn der Majoritäten, das Vernünftige in der Masse durchzusetzen oder gar durch sie hervorzubringen, ersichtlich macht, und überhaupt ein öffentliches Bewusstsein erschafft. Es führt demgemäß notwendig entweder zur Aufhebung seiner selbst, oder zur Veredlung der Gesellschaft.

Sich auf die Verwirrungen der Sozietät einzulassen, bringt keinen Segen. Seine Pflicht gegen sie tun, ist alles; und nur von der steten Arbeit in dem abgeschlossenen Teile vom Weinberge der Wahrheit, der jedem Einzelnen zugewiesen ward, ist für ihn und für das Ganze zuletzt Heil und Glückseligkeit zu erhoffen.

Die industrielle Tendenz hat uns aus dem Feudalismus befreit; und die ideelle Tendenz wird sich aus der industriellen allmählich entfalten.

[179] Die industrielle Tendenz muss auf die Wichtigkeit des Betriebes überhaupt führen. Zum Betriebe aber gehört alle Arbeit, alle Tätigkeit, — die des Geistes so gut wie die der Hand.

Wenn erst aller materielle Besitz, Grund und Boden und dadurch auch das nicht mehr sicher zu kapitalisierende Geld in seinem Werte und Preise auf's Tiefste gesunken sein werden, dann wird sich das Ideale, das geistige Kapital und die Produkte seiner Anlagen, als die wahrhafte Realität bewähren.

Es tut sich jetzt ein falscher Philanthropismus hervor, der (freilich oft ohne es selbst zu wissen) nur eine versteckte Unsittlichkeit ist. Man nimmt es mit der Entsittlichung der Andern nicht so strenge, weil man selbst des Maßstabes dieser Strenge in sich ermangelt; man betrachtet Geschichte und Weltleben wie physische Notwendigkeit, und Laster als Unglück.

Lächeln muss der Hellsehende, wenn er von der hohen und allgemeinen Bildung unserer Zeit sprechen hört. *Versteht* die Menge denn jene Ideen, die sie in beständigen Umlauf setzt? *Übt* man die Tugenden, deren Mangel man den Gewalthabenden vorwirft? Sind die schönen Ansichten der Gegenwart in den Köpfen der Menge etwas anderes, als es die Vorurteile der Vergangenheit waren?

[180] „Man hat Meinungen, um zu schimmern — und nicht zu handeln. Sie sind das große Kunststück der Politik, welche die beste Meinung gerade am schicklichsten findet, das Böse zu verdecken. Schlimme Gebräuche haben von jeher durch gute Maximen geglänzt."

Wenn man sich oft überheben möchte, dass die Zeitgenossen erleben, was man vorausgewusst, wohl auch, ohne gehört zu werden, vorausgesagt hatte, — wenn andere in behaglichem Ruhme die Früchte ernten, deren Keime man gepflanzt, und sich dabei für die Pflanzer ausgeben: So bedenke man, dass ohnehin alle diese Prioritätsansprüche eitel und prekär sind. Was jetzt vorgeht und morgen vorgehen wird, hast nicht nur du, — haben auch schon Goethe und Plato vorausgesagt. Man hat sie auch nicht gehört, denn sonst würde man es nicht für neu halten.

Dieses seltsame Drängen und Sehnen im besseren Menschen — ist es das Bedürfnis des Geistes nach erweiterter Sphäre der Wirksamkeit und

Ausbildung? Das irdische Leben bietet ihm unerschöpfliche Sphären. — Bedürfnis der Glückseligkeit? ... Gerade die erlangte Harmonie regt neue Dissonanzen in ihm an, um sie auflösen zu können. Einsam — genügt er sich nicht; Gesellschaft — genügt ihm nicht; in jedem Lebensalter beneidet er das andere — auch das vergangene — um seine Gefühle. Es ist die alte Mythe von Sisyphos und Tantalos. Und wohin treibt sie zuletzt? Was kann sie lehren? [181] Zu entsagen und zu erschaffen. Kreis auf Kreis, wie er uns eben umgibt, beharrlich auszuschöpfen und zu erfüllen; zu erwarten, dass immer andere, einst vielleicht weitere Kreise uns angewiesen werden, — und jedenfalls anzunehmen und wohl zu beherzigen: Dass wir nicht um des Glückes, sondern um der Pflicht willen da sind.

Ein Blick, der durch die Schale dringt, gewahrt, was die Geister einigt. Er findet Ähnlichkeit, wo der gemeine Blick nur Gegensatz sieht. Man betrachte einmal Thomas von Kempis und Béranger genauer. Beruht ihre geistige Freiheit nicht zuletzt auf einer gemeinschaftlichen Maxime: Der Resignation? Und wo ist die wahre Religion zu suchen, wenn nicht in dem, was „tief und tiefer gefühlt, die Geister immer nur einiger macht?" Und liegt das nicht in der Entsagung?

Die Geschichte schreibt nicht nur die großen Männer in ihre Tafeln ein, sondern auch die Zeiten und Völker, welche sie geehrt oder verkannt haben.

Die Geschichte ist das Gewissen für öffentlich Wirkende. Wie der Jüngling sich im entscheidenden Momente die Gegenwart seines Vaters oder verehrten Lehrers vorstellt, die ihm ein zweites, warnendes oder ermunterndes Gewissen wird, so stelle sich der Mann des öffentlichen Lebens die Geschichte vor, die sein Wort und seine Tat mit unerbittlichem Griffel hinzeichnet.

[182] Wer bloß nach dem Beifalle der Zeitgenossen jagte und ihn erhaschte, der hat seinen Lohn dahin; ihn vergesse die Geschichte! Wer, verkannt oder nicht gekannt von ihnen, seiner Idee gelebt, dessen Angedenken bewahre sie wie ein Heiligtum! Wer in und mit seiner Zeit webte und wirkte, den scheide sie von ihr und zeige, was an ihm *sein* und was der *Zeit* gehörte! Und — fragt ihr — wer seine Zeit geschaffen? — Da schüttle sie ihr ernstes Haupt und spreche: Maße sich kein Sterblicher an, das zu können.

Harmodius und Aristogiton mahnten ein „entartetes Geschlecht" an seine Väter; Simon rief seinen Zeitgenossen die Tage des Harmodius ins Gedächtnis; Sokrates hatte über ein schändliches Volk zu klagen; und doch sprosste nach ihm, aus dem tot-gewähnten Hellas noch die göttliche Tugend des Epaminondas hervor; ja, nach der Besiegung Griechenlands strahlten noch Phokions und Philopömens Großgestalten, — herrlich genug, um dem Enkel wieder ihre Zeit als die goldene vorzubilden. Und so berief sich jede Epoche Roms auf die Väter, und wir uns auf die unsern, — und so gab es immer und nie eine goldene Zeit. Das ist die Weltgeschichte, und nur unreifer Jugendtaumel oder überreife Alterskälte verkennt ihre Bedeutung. Immer war das Große vorhanden; immer hat es seine Mission erfüllt, — denn sein Reich ist nicht von dieser Welt.

[183] Ein Problem für den unbefangenen Weltbeobachter bietet Salvandys politische Stellung. Ist es hier bloß persönliche Eigenheit, die der praktischen Darstellung des höchsten Sinnes im Wege steht? Ist es bloß der Mangel dieses Sinnes in der realistisch aufgeregten Zeit und Nation? Ist es die zufällige Beimischung eines weichern, theokratischen Elementes? Sind es ganz spezielle Verhältnisse?

Gewiss, wenn es keine höhere Betrachtung gibt, als die geschichtliche, — die allein vom beschränkten Egoismus des Philistertums retten kann, — so muss es Jedem, der auch nur einen mäßigen Geschäftskreis zu überblicken und auszufüllen bestrebt war, deutlich werden, welcher Philistrismus in dem Politisieren der Privatleute nach Zeitungen liegt. Eine Geschichte der Gegenwart — von wem?! Für wen?! ... Niemand weiß, von wem er geführt wird; und Ihr wollt wissen, welche Fäden sich, ferne von eurem gemächlichen Lehrzimmer, um die Herzen der Länder schlingen? Aus was sie gewebt find, und wo sie geknüpft werden?

Wer eine Staatsumwälzungsepoche in der Nähe erlebt, und die Fäden spinnen und sich verweben gesehen hat, die das Gespinst des neuen Gewandes bedingten; wer diese Hände gesehen hat, die diese Fäden leiteten, die Hände, durch die sie gingen, — wer das genau und unbefangen vor seinen Augen beobachtet hat, — und dann die Schilderungen liest, die von der ganzen Katastrophe, [184] als öffentliches Dokument, der Menschheit geboten werden und in ihrem Archive bleiben, mit allen darin vorkommenden Namen und Tatsachen, — was glaubt Ihr, dass dem das Wort „Geschichte" bedeutet?

Wenn das Experiment nicht zu teuer bezahlt wäre, — man sollte wohl einmal die Welt eine Weile, so recht nach Lust und Wunsch und Ideal der Unbedingtheit, unregiert hinrollen lassen! Es gäbe kein sichreres Mittel, Zucht, Ordnung und Gesetz aufs Entschiedenste herzustellen.

Wer *sich* nicht beherrschen kann — der will frei sein? Und wer es kann, — *ist* er es nicht?

Begeisterung für ein Höheres im Gemüte ist der Äther, von dem die Seele lebt. Das Ideal ist die Sonne, die aus der Atmosphäre des Geistes diesen Äther entwickelt, wie die planetarische Sonne aus der irdischen Atmosphäre den Äther, von dem der Körper lebt. Dieser Entwickelung des Ideellen in uns in stiller Betrachtung zuzusehen, ist das höchste, das einzige, wahre Glück des Lebens.

Der Schatten, den die Sonne des Daseins wirft, ist: Die Bemerkung, dass so viele Tausende sie nicht sehen. Nicht Menschenverachtung fließe daraus, sondern ein stilles [185] Gefühl des Mitleids, von gerechter Zuversicht auf die Wege der Vorsehung gemildert, verklärt.

„Der Gedanke lebt nur vom Bewundern, das Herz nur vom Lieben."

Wähnt Ihr, das Ideale *sei* nicht, weil es ein Geschöpf des Geistes ist? *Erschafft* er es, weil er es aus sich schöpft? Von wannen ist denn Er? Und woher kommen ihm seine Gebilde? Dichtung ist des Geistes edelste Kraft, und deutet mit ihrem Janusantlitze dem Menschen auf seine Quelle und seine Mündung hin.

Nichts hat absoluten Wert (Würde) als: Ein Symbol echten Menschentums in sich darzustellen; ungesehen, unerkannt, ohne Rücksicht auf Nutzen oder Meinungen in der Welt, ohne Hoffnung von Gewinn oder Wirksamkeit. „Was hälfe es dem Menschen, wenn er die ganze Welt gewänne, und litte Schaden an seiner Seele?"

Nicht in leerem Traume will das Große imaginiert, in Wort und Tat will es verlebendigt sein. Darum verbinde sich mit dem idealen Sinne ein praktischer; und auch deshalb, damit *jenes* Ideale *erkannt* werde, welches ins Leben einzuführen ist, und jenes der Poesie verbleibe, welches einzig ihr angehört; damit nicht ein Don Quixote die Welt belustige und verschlechtere, die ein Held erheben und verbessern sollte.

[186]   Starke (freie) Geister sind immer die, welche ihre Spontaneität den Vorurteilen ihres Lebenskreises gegenüber behaupten. Zur Zeit des blinden Köhlerglaubens sind es die Zweifler, zur Zeit des Zweifelns und blinder Empirie oder egoistischer Interessen sind es die Verfechter der Rechte des Gedankens, der Idee.

Dem gemeinen Menschenverstande ist das Wunder keineswegs entgegen. Es liegt ihm vielmehr näher als die Deduktion einer gesetzmäßigen Kausalität. Er resigniert sich bei der Voraussetzung einer höhern Macht, deren Eingreifen ihm ja überall sichtbar scheint.

Es gibt eine spezielle Führung. So nenne ich den Fingerzeig, der jeden einzelnen Menschen, in allen Ereignissen seines Lebens, durch alle Fehler, Irrtümer, gute und schlimme Erfahrungen, unverkennbar auf die Anerkennung des Sittlichen hinweist und Jeden dazu erzieht, *der nur irgend aufmerken will.* Ich spreche hier aus Beobachtung, und damit sei Jeder aufgefordert, auf die Ergebnisse seines Lebens einmal einen ernsten Blick zu werfen.

Wer auf die Stimme des Dämons in sich lauschen gelernt hat, wird inne werden, dass die Vorsehung nie *statt* des Menschen handelt, sondern ihm nur Zeichen zukommen lässt, die sein Handeln leiten könnten.

[187]   Der religiöse Sinn gibt dem Menschen etwas Kindliches, weil ihn die Vorstellung eines Vaters nie verlässt.

Dem ist der religiöse Begriff aufgegangen, der sich überzeugt hat, dass der Glaube der gewisseste Beweis seines eigenen Inhaltes ist. Es versteht sich, dass dies nur vom religiösen Glauben gilt. Die Ewigkeit, an die wir glauben können, ist uns in und durch diesen Glauben verheißen. Die Gottheit hat der Menschheit dieses Siegel ihrer höhern Bedeutung aufgedrückt. In unserer eigenen Sehnsucht kündet sich die göttliche Stimme ihrer Erwiderung an.

Religion — das Komplement der Philosophie.

Jenseits der Grenze, die der wahre Philosoph, je mehr er es ist, desto bestimmter sich selbst vorschreibt, ist ein Bezirk, den keiner übertreten lassen kann, dem die Frage der Menschheit über sich selbst hinaus einmal aufgegangen ist. In diesem Bezirke gelten keine Beweise und Gegenbeweise mehr, und doch kann der Denker die Ansprüche der Vernunft auch hier nicht aufgeben. Er füllt ihn also mit Analogien seiner Denkkraft aus, und das ist die Mystik. And're, Jeder nach seinem eigensten Naturell und Bedürfnis ergänzen das Wissen durch reine Empfindung oder Fantasie. „So weissagen — schrieb Platon an Dionysius — alle Seelen; entscheidender aber sind die Weissagungen der guten als die der andern."

[188] *Die* Religion ist die beste, welche die Vielen eint, den Einzelnen kräftigt, den Stolzen beugt; die uns das Leben lieben, den Tod mit stiller Ehrfurcht betrachten, mit Ergebung erwarten macht.

Wenn es eine Mystik gibt, welche man die echte oder die beste nennen kann, so ist es diejenige, die das religiöse Bedürfnis befriedigt, ohne uns den Fesseln eines dogmatischen Positivismus zu überantworten.

Nicht erträumt, durch Spiele der Fantasie, nicht erklügelt durch Künste des Verstandes, nicht erschwärmt durch weichliche Gefühle wird die Religion. So sagt der reinere Mystizismus, und wer möchte ihm so weit widersprechen? Wenn er aber nun fortfährt: „Im Schauen, durch Gottes Gnade, wird sie erfasst" — Was kann er meinen? Was sonst, als jene heilige Stimme, die sich im reinen, wie im schuldigen Gemüte, am lautesten aber im geläuterten, als „Gewissen" ankündigt, — welche nicht Fantasie, nicht Verstandesschluss, nicht weichliches Gefühl und doch das Alles, und freilich eine ursprüngliche Gnade Gottes ist; welche selbst in dem nüchternen Denken „eine Tiefe göttlicher Anlagen, einen heiligen Schauer über unsere Bestimmung" (s. Kant. kl. Schriften I. 152) aufschloss und erregte? Man sieht, es gilt nur, sich verstehen zu wollen.

[189] Rein praktisch zu sein — ist das Charakteristische des Christentums. „Nachahmung Christi" ist die Summe seiner Vorschriften; und selbst was es als Theorie in sich aufnimmt: Die Lehre vom Sündenfalle und von der Erlösung, — was ist es, als eine Auflösung des tiefsten Problems durch einen praktischen Bezug?

Wie Einsamkeit und Entsagung nur durch Erlebnisse bedingt werden, so auch die „evangelische Traurigkeit". Nichts schadet dem Christentume mehr, als: Es erzwingen, befehlen, als toten Buchstaben, als Erziehungsformel überliefern zu wollen. „Ehrfurcht" ist alles, was man dem Knaben einzuflößen hat. Jenes religiöse Gefühl wird sich im sittlichen Menschen selbst entwickeln, er wird wiedergeboren werden, und der Greis an der Pforte der Ewigkeit — was bleibt ihm als der Glaube?

Die ganze Bedeutung des Christentums liegt in den Worten: „Lebet' nach meiner Lehre, und Ihr werdet von ihrer Wahrheit überzeugt werden."

Wer Mut und Kraft und Befriedigung fühlt, in der Selbstständigkeit und Abgeschlossenheit seines Geistes, bleibe sich treu bis ans Ende! Wer sich nicht genügt, in der Stunde der Entscheidung, in der Stunde des völligen Alleinseins, fühle Trost und Befriedigung in dem Glauben, dass die Herzen der Kinder am Herzen eines Vaters [190] hangen! ... Danke Jeder von ihnen, — denn beides ist Gnade.

Die lautere Mystik verspricht den Besitz der Geheimnisse nur dem sittlich Gereinigten. Ohne diese ernste Bedingung: Sich vorerst durch moralische Wiederherstellung zum Organe des Geheimnisses zu befähigen, verheißt sie nichts. Und tägliche, strenge Prüfungen — in unbeobachteter Stille, nur zwischen Gott und dem Menschen, ohne äußern Beifall, ohne Täuschungen der Fantasie, — können diese Läuterung bewirken und beweisen.

Man muss, um gerecht zu urteilen, Mystik und Pietisterei (Frömmelei), die man so oft zusammenwirft, streng voneinander unterscheiden. Jene lässt dem Geiste völlige Freiheit, sich in den Tiefen des Geheimnisvollen zu ergehen, — diese knechtet ihn durch ein Dogma; jene erhebt, diese erniedrigt und zerdrückt sein Gefühl. Nur Eins haben sie oft gemeinsam: Dass sie zum Quietismus führen. Aber was führt am Ende nicht zu ihm? Je mehr man überlegt, desto schwerer handelt man; man überlegt sich zuletzt satt, man empfindet sich satt, man spricht sich satt, — glücklich, wer irgendwo ewige Ruhe findet!

St. Martin hat unter den Mystikern deshalb für Leser mit Geist so viel Anziehendes (z. B. für Rahel), weil seine Schriften der milde, wohltuende Hauch eines sittlichen Charakters durchweht, weil eine anmutige Sym- [191]metrie in dem Ganzen seiner Gedanken waltet, und vorzüglich, weil er zuletzt doch an die Vernunft appelliert. (Da das Nichtanerkennen dieses Forums eigentlich das Charakteristische des Fanatismus ist.)

Tief durchdrungen von einem Ideale höherer Menschheit, wie Platon, erscheint ihm die wirkliche, schwache, kranke, kleinliche als ein Bild schmachvoller Entwürdigung. Er will es ihr vorhalten, taucht seinen Pinsel in das geheimnisvolle Kolorit des Orients, malt beide Bilder, wie sie vor seiner reinen Seele schweben, das des Paradieses mit der Schwärmerei des

Entzückens, das des verlornen mit der Schwermut der Sehnsucht, und ruft tief bewegt: *Ecce homo!*

Es ist interessant zu bemerken, dass St. Martin von seinen Übersetzern und selbst Verehrern so gleichmäßig missverstanden wurde. Die neuesten haben ihn sogar zu einem *katholischen* Philosophen, wie früher Platon zu einem christlichen gemacht! Es ist ebenso interessant zu bemerken, dass ein heller, witziger Kopf (Lichtenberg) der Wahrheit viel näher kam (II. 186).

Die Mystik, welche überall das Kolorit der Zeiten, der Völker, der Einzelnen an sich trägt, konnte keine anmutigere Färbung finden, als die des französischen Geistes, welcher Leichtigkeit, Lebhaftigkeit, Frische und Zart-[192]heit in sich verbindet, welcher sich gern mit tiefem Gefühle, nie mit abstrusem Pedantismus äußert.

Der schönste Zug bei *Jakob Böhme* und *St. Martin*: Alles als Symbol, als Zeichen, deren sich die Sprache des Unendlichen zu uns, den Endlich-Unendlichen, bedient, und allen Irrtum als Andeutung des hinter ihm liegenden Wahren zu betrachten. Die „Erinnerung" des Platon war ein ähnlicher Zug; die Analogien bei den deutschen Naturphilosophen sind meistens kleinlich dagegen; die seinen sind erhabene Poesie.

Er *sagt* auch ausdrücklich, dass seine Bilder nur Bilder sind, während And're die ihren für die Sache selbst verkaufen. Ja, er zeigt, dass er vielmehr bekannte für geheimnisvoll gehaltene Bilder, ihrer Bedeutung nach zu erklären beabsichtigt.

Er zeigt eine Achtung für die Forderungen des Verstandes, welche Achtung für ihn selbst, — eine Rechtlichkeit des Denkens, welche ein Vertrauen zu ihm einflößt, das wenige Mystiker anzusprechen haben.

St. Martin spricht in Bildern und lässt nur überall das „gleichsam" aus.

[193] Man muss nur nicht eigentliche Philosophie suchen, wo Auferbauung erzielt wird. Ob *mehr?* Ob *weniger?*

Gerade jenes Anregen zum Selbstweiterdenken in einer erhebenden Gedankensphäre ist es, was diese Lektüre begabter Menschen (z. B. der Rahel) so anziehend macht, — wie das Deuten eines reichen, inhaltvollen Kunstwerkes.

Glücklich, wer das Namenlose erkennt! Ewig war die Wahrheit unter uns, und wird es sein, — aber sie wird *geschwiegen*. Reiner Wille und Klarheit des Erkennens sind an und für sich esoterisch. Aber:

Es ist nötig, dass selbst Dinge ein Geheimnis bleiben, die leicht zu offenbaren wären. Es ist gut, dass man andre Dinge, die offenbar sind, als Geheimnis behandle, um ihnen die Ehrfurcht der Menschen, und diesen, in der Ehrfurcht, ihr Heiligstes zu bewahren. (Die Gesellschaft erkennt dies faktisch an in den Konvenienzen der Dezenz, der Diskretion usw.). Es gibt ferner Dinge, die sich wenigstens durch Worte nicht mitteilen lassen. (Hierher alles, was man im weitesten Umfange Kunst nennen kann.) Es ist auch unmöglich, den Menschen wohlzutun, wenn man es ihnen vorausgesagt; daher „Handeln und Schweigen" die Maxime der geprüftesten Geschichts- und Welterfahrung. Endlich: Das Schlechte erlangt nur Gewalt durch die Bereinigung und Verborgenheit der Schlechten. Ihm kann nur durch das Gegenteil: Stille Verbindung der Guten, kräftig entgegengewirkt werden.

[194]   In den Spaltungen der Sozietät bleibt jeder Versuch, Kreise zu bilden, innerhalb welcher Menschen als solche gelten (eine Menschheit in der Gesellschaft), respektabel. Es gibt Verhältnisse, die für die Aufsicht des Gesetzes im Staate zu klein, andere, die für sie zu groß sind. Hier wirken solche Kreise, als Supplement der Gesetze, mit dem Staate, für ihn. „Die Sittlichkeit ist sicherer als das Gesetz", sagt schon Pirithous beim Euripides. Es ist löblich, neben den äußern Motiven des letztern, den innern der erstern Geltung zu verschaffen. Kein Einzelner ist im Stande über sich hinauszugehen. Er schließe sich deshalb an Andere, die ihn ergänzen und über seine Beziehung zum Ganzen orientieren. Dieses Gefühl, einem bestimmten Ganzen anzugehören, wirkt (im Patriotismus, Konfessionen usf.) als ein Ressort, der sehr gewaltig werden kann. (Dazu die Macht des Beispiels.)

Was endlich das Symbol betrifft, so ist dem mündig gewordenen Denker die Geschichte selbst Symbol. Zu diesem Gewahrwerden aber erziehen den unmündigen absichtliche Symbole.

Eine Vereinigung der Guten — bloß um des Guten willen — wenn sie möglich ist, soll sie gehindert werden?

[195]   R. F. Rauer. Probleme der Physik, Philosophie und Staatskunst. Leipzig, Kollmann. 1833.

Die Grundansicht des Ganzen, — die eigentliche Philosophie des Verfassers ist nicht neu; er spricht aus, was Herder, Spinoza, Platon ausgesprochen haben, wovon auch ich seit Jahren überzeugt und durchdrungen bin; er spricht das Wahre aus, — und traurig für die Menschheit wäre es, wenn das Wahre noch neu sein könnte! Er scheint sich als Erfinder zu viel Ehre beizulegen, wahrscheinlich weil er, ohne eben alles Vorhandene genauer zu kennen, sich eines selbstständigen, treuen, eigenen Forschens im Tiefsten bewusst ist. Für sich bleibt ihm also auch das Verdienst des Erfinders; für die Welt aber bleibt ihm unbestreitbar das Große, unserer Zeit höchst Angemessene: Die tiefsten und höchsten Wahrheiten aus den verschiedensten Kreisen in einen leichten, klaren Zusammenhang verbunden, und dem *Menschenverstande (common sense)* nahegelegt zu haben. Er erscheint besonders im ethischen Teile, als ein von Licht und Wärme innig durchdrungener Verkündiger des wahren Evangeliums.

Am originellsten freilich ist er im physikalischen Teil; aber dieser, freilich noch nicht völlig durchgearbeitet, möchte auch noch die meisten Fragen übrig lassen. So ist die Definition der Bewegung (S. 33) wohl nur eine Tautologie. So erscheint mir der Abschnitt von der Wahrnehmbarkeit der Körper (S. 41. u. f.) seltsam und überflüssig. Wahrnehmbarkeit ist eben nur das Verhältnis der Welt zum Menschen; in der Ausdehnung, die R. diesem [196] Worte gibt, möchte es wohl nur die Wechselwirkung aller Wesen auf alle auf eine unnötig neue Art ausdrücken. Die Pflanze nimmt den Reiz wohl kaum wahr: Aber er wirkt auf sie. Die ertönende Saite *hört* wohl kaum die erst erklingende usf.; der Schluss des Kapitels, worin das Subjektive vom Objektiven unterschieden wird, erklärt den Gehalt von R's. Ansicht trefflich; nur eben möchte das Wort „Eigenschaft" unnötig sein, indem so das Wesen in sich selbst zerspaltet wird: Denn, was Rauer „Eigenschaft" nennt, ist eben das Wesen selbst, *in Bezug auf ein anderes* gedacht. (Die Modi des Spinoza?) — In dem physikalischen Teile waltet mir hin und wieder das Teleologische zu sehr vor; von welchem übrigens R. im Großen den einzig rechten, würdigen Begriff hat (S. 51, Anmerkung); so wie von der Nichtigkeit des „Erklärens" (S. 76), auch wenn es durch mathematische Form imponieren will (S. 82). Die Nachweisungen im Einzelnen lassen manchen Zweifel übrig; muss das *Wasser*, wenn es *leuchten* soll, nicht früher aufhören, *Wasser* zu sein? (S. 85 unt.) Es sind wohl Gasentwickelungen, welche dies Phänomen verursachen. — Der mahnende Wink, stets reine Beobachtung der Naturwirkungen von künstlerischen Experimenten zu scheiden, den schon Goethe gab, ist trefflich und beherzigenswert. Vortrefflich ist das Kapitel von den Wechselrichtungen der Körper (Polarität), worin die *Religion* der Natur, der Lichtdienst der Schöpfung gelehrt wird. — In dem „von der Menschwerdung Gottes" nun werden wir lebhaft an St. Martin erinnert und können dem Verf. nicht überall folgen, wo er, wie es uns scheint, die zarte [197] Linie, die das Symbolische vom Historischen trennt, einen Augenblick übersieht. — Solche Bedenklichkeiten drängen sich im weiteren Verlaufe öfters auf, und die letzten Abschnitte (zumal der „vom Staate") würden ganz problematisch bleiben, wenn nicht über diesen wichtigsten Gegenstand ein späteres Werkchen des Verf. uns sein Glauben und Denken im ganzen Umfang und also mit mehr Klarheit offenbarte; so dass wir bekennen müssen: *Ihm ist,* trotz manchen intellektuellen und praktischen Schranken, *das Heilige aufgegangen.*

Beneke.

Es bleibt stets wahrhaft erbaulich, ein *selbstständiges,* über sich selbst klares Denken den bekannten Kreislauf der Spekulation erneuern zu sehen. Wenn man sich nur bei dem Bewusstsein der Grenzen des Bewusstseins beruhigen wollte! Wer leugnet, dass der Wille zum Ganzen des Menschen, so gut als der Vorstand, gehöre — und der Mensch selbst zu einem größeren Ganzen? Aber zum *Denken,* das eben ein Geschäft des Verstandes ist, gehört der Wille nicht, — zur Erkenntnis des *Menschen* gehört jenes höhere Ganze nicht. Die Philosophie ankert bei der Religion; aber sie in Religion verwandeln wollen, heißt sie, als Philosophie, vernichten. So hat mich schon (S. 67) die *Postulierung* eines Christentums der Philosophie misstrauisch gemacht und die weitere Entwickelung hat das Misstrauen gerechtfertigt. Die Philosophie ist und bleibt eine Heidin: Das Christentum mag einen höhern Standpunkt abgeben, als sie: D. h. der Wille, oder der [198] ganze Mensch mag höher geachtet werden, als die Intelligenz — aber die Mittel, deren sich die Philosophie bedient, liegen innerhalb der Intelligenz. In der Naturforschung kann hier und da eine Polemik gegen die Herrschaft der Logik (z. B. das Kausalitäts-Verhältnis u. dgl., wo auch B. an Töltenzi erinnert) stattfinden, weil es sich hier um Erfahrung, um Objektivierung des ganzen Menschen, um Auffassung durch alle, nicht bloß die *Denk*organe, handelt; aber in der Spekulation überhaupt sind alle Systeme seit Kant durch diesen Irrpfad veranlasst worden; man könnte das Fichtes Hyperidealismus, das Schellings Hyperempirismus, das Hegels Hyperdialektik nennen, und dem B's. als Hypermoralismus, vielleicht den obersten Rang einräumen, weil es besonders edel und praktisch ist, — aber es bleibt, denk' ich, beim alten Kant. Man weiß, was man weiß, glaubt, wo man muss, und tut, was man soll. Die Darstellung darf man wohl *klassisch* nennen, d. i. als Muster aufstellen.

www.ingramcontent.com/pod-product-compliance
Lightning Source LLC
Chambersburg PA
CBHW072225170526
45158CB00002BA/763